新疆区域气候变化评估报告
决策者摘要及执行摘要(2012)

《新疆区域气候变化评估报告》编写委员会　编著

内容简介

《新疆区域气候变化评估报告》由中国气象局组织新疆气象局实施，共有30位专家参与了评估报告的编写。

《新疆区域气候变化评估报告》包括新疆区域气候变化科学基础、影响评估与适应两篇，共12章。本书对《报告》中新疆区域气候变化事实及原因、气候变化已产生的影响、未来气候变化预估可能影响等科学问题进行了系统地分析、梳理和提炼，反映和展示了新疆区域气候变化研究进展和成果。

本书以《报告》全文为基础，凝练出新疆区域气候变化评估报告决策者摘要及执行摘要，以供各级政府及相关行业决策部门在制定适应气候变化战略和措施时参考使用，也可供气象、水文、能源等领域的科研与教学人员参考使用。

图书在版编目(CIP)数据

新疆区域气候变化评估报告决策者摘要及执行摘要/《新疆区域气候变化评估报告》编写委员会编著. —北京：气象出版社，2013.9

ISBN 978-7-5029-5766-7

Ⅰ.①新… Ⅱ.①新… Ⅲ.①气候变化-研究报告-新疆 Ⅳ.①P468.245

中国版本图书馆CIP数据核字(2013)第209539号

出版发行：气象出版社
地　　址：北京市海淀区中关村南大街46号　　邮政编码：100081
总 编 室：010-68407112　　发 行 部：010-68409198
网　　址：http://www.cmp.cma.gov.cn　　E-mail：qxcbs@cma.gov.cn
责任编辑：张　斌　隋珂珂　　终　　审：汪勤模
封面设计：博雅思企划　　责任技编：吴庭芳
印　　刷：北京中新伟业印刷有限公司
开　　本：880×1230　1/16　　印　　张：8
字　　数：196千字　　彩　　插：2
版　　次：2013年9月第1版　　印　　次：2013年9月第1次印刷
定　　价：32.00元

本书如存在文字不清、漏印以及缺页、倒页、脱页等，请与本社发行部联系调换。

《新疆区域气候变化评估报告》编写委员会

主　　编：张　杰　新疆维吾尔自治区气象局

副 主 编：毛炜峄　新疆维吾尔自治区气候中心

陈洪武　新疆维吾尔自治区气候中心

江远安　新疆维吾尔自治区气候中心

杨　青　中国气象局乌鲁木齐沙漠气象研究所

编写人员：毛炜峄　新疆维吾尔自治区气候中心

陈洪武　新疆维吾尔自治区气候中心

江远安　新疆维吾尔自治区气候中心

杨　青　中国气象局乌鲁木齐沙漠气象研究所

赵逸舟　新疆乌鲁木齐市气象局

付玮东　新疆维吾尔自治区农业气象台

王　慧　新疆维吾尔自治区气候中心

肖继东　新疆维吾尔自治区气候中心

陈　颖　新疆维吾尔自治区气候中心

李迎春　新疆维吾尔自治区农业气象台

陆　炯　新疆气象局科技与预报处

陈鹏翔　新疆维吾尔自治区气候中心

曹占洲　新疆维吾尔自治区农业气象台

邢文渊　新疆维吾尔自治区气候中心

张　旭　新疆维吾尔自治区气候中心

白素琴　新疆维吾尔自治区气候中心

张广兴　中国气象局乌鲁木齐沙漠气象研究所

张同文　中国气象局乌鲁木齐沙漠气象研究所

陈　峰　中国气象局乌鲁木齐沙漠气象研究所

尚华明　中国气象局乌鲁木齐沙漠气象研究所

王胜利　新疆维吾尔自治区气候中心

余行杰　新疆维吾尔自治区气候中心

樊　静　新疆维吾尔自治区气候中心

邵伟玲　新疆维吾尔自治区气候中心

杨志华　新疆维吾尔自治区气候中心

李元鹏　新疆维吾尔自治区气候中心

古　丽　新疆维吾尔自治区气候中心

段均泽　新疆维吾尔自治区气候中心

曹　萌　新疆维吾尔自治区气候中心

统　　稿：毛炜峄　新疆维吾尔自治区气候中心

江远安　新疆维吾尔自治区气候中心

樊　静　新疆维吾尔自治区气候中心

校　　对：樊　静　新疆维吾尔自治区气候中心
邵伟玲　新疆维吾尔自治区气候中心
邢文渊　新疆维吾尔自治区气候中心
审　　稿：张　杰　新疆维吾尔自治区气象局
陈洪武　新疆维吾尔自治区气候中心
毛炜峄　新疆维吾尔自治区气候中心
江远安　新疆维吾尔自治区气候中心

《新疆区域气候变化评估报告》评审专家

（包括初审、预评审、终审专家）

沈晓农　副局长　中国气象局

丁一汇　院　士　国家气候中心

居　辉　研究员　中国农业科学研究院

翟盘茂　研究员　中国气象科学研究院

罗　勇　研究员　国家气候中心

孙　颖　研究员　国家气候中心

杜尧东　研究员　广东省气候中心

高　云　副司长　中国气象局科技与气候变化司

巢清尘　研究员　国家气候中心

任国玉　研究员　国家气候中心

姜　彤　研究员　国家气候中心

沈永平　研究员　中国科学院寒区旱区环境与工程研究所

李庆翔　研究员　国家气象信息中心

郭建平　研究员　中国气象科学研究院

蔡庆华　研究员　中国科学院水生物研究所

刘洪滨　研究员　国家气候中心

徐　影　研究员　国家气候中心

史玉光　研究员　山东省气象局

张家宝　研究员　新疆维吾尔自治区气象局

赵成义　研究员　中国科学院生态与地理研究所

徐卫新　处　长　新疆维吾尔自治区发改委

金长湖　处　长　新疆维吾尔自治区党委农办

徐宏云　副处长　新疆维吾尔自治区政府办公厅

师庆东　教　授　新疆大学

唐新军　教　授　新疆农业大学

王新平　副局长　塔里木河流域管理局

袁佳双　处　长　中国气象局科技与气候变化司气候变化处

王金星　处　长　中国气象局科技与气候变化司气候变化处

何　勇　副处长　中国气象局科技与气候变化司气候变化处

任宜勇　副局长　新疆维吾尔自治区气象局

魏文寿　研究员　新疆维吾尔自治区气象局

袁玉江　研究员　中国气象局乌鲁木齐沙漠气象研究所

何　清　研究员　中国气象局乌鲁木齐沙漠气象研究所

崔彩霞　研究员　新疆维吾尔自治区气象局

李新建　研究员　新疆维吾尔自治区气象局

赵　瑞　博　士　中国气象局科技与气候变化司气候变化处

任　颖　博　士　中国气象局科技与气候变化司气候变化处

谢国辉　处　长　新疆维吾尔自治区气象局科技与预报处（气候变化处）

张太西　处　长　新疆维吾尔自治区气象局应急与减灾处

黄　镇　处　长　新疆维吾尔自治区气象局人事处

张　鄞　高　工　新疆维吾尔自治区气象局科技与预报处（气候变化处）

序

全球气候正经历一次以变暖为主要特征的显著变化，对水资源、农业、自然生态系统、社会经济和人类健康等产生了显著影响，威胁着全球的可持续发展。我国幅员辽阔，气候复杂，区域发展水平差异大，科学应对气候变化是我国经济社会发展面临的重大挑战和必然选择。

新疆位于欧亚大陆腹地，自北向南跨越寒温带、中温带和暖温带，是典型的内陆干旱气候区，也是气候变化影响的敏感区和脆弱区。近50年新疆区域气温明显升高，降水增加，呈现“暖湿”变化特征，极端天气气候事件增多。区域内自然资源丰富，是我国农牧业大区，还是我国重要的能源储备基地之一，同时风能、太阳能等清洁能源可开发量位居全国前列，是我国加快经济社会发展过程中着力打造的西部经济增长极和向西开放的桥头堡。新疆正处于加速推进新型工业化、农牧业现代化、新型城镇化的关键时期，气候变化将使新疆面临着更高的灾害风险和更加脆弱的发展环境。积极应对气候变化，事关新疆经济社会可持续发展和长治久安，是推进新疆区域生态文明建设、保障区域经济社会可持续发展的迫切需求。

在中国气象局气候变化专项的支持下，新疆维吾尔自治区气象局联合相关部门科研业务人员经过三年的努力，完成了《新疆区域气候变化评估报告》。该报告是对气候变化国家评估报告在区域尺度上的细化和补充，报告对新疆的气候变化事实、极端事件及灾害进行了分析，同时对新疆未来的温度、降水趋势进行预估，整理分析了气候变化对新疆的水资源、农业、生态、能源等领域的影响，提出了区域适应气候变化的措施及建议。在此基础上，通过提炼形成了决策者摘要和执行摘要。该报告将为新疆应对气候变化提供科技支撑，具有重要的现实意义和应用价值。

《新疆区域气候变化评估报告决策者摘要及执行摘要》即将出版发行，我很高兴为此撰写序言，并向社会各界、政府有关部门以及广大科技工作者荐阅。同时我特别感谢报告编写的参与者和为该报告出版付出努力的评审专家和气象出版社。

郑国光

中国气象局局长

2013年8月

目 录

新疆区域
气候变化评估报告
决策者摘要

1 引言

1.1 《报告》的意义、范围及与《气候变化国家评估报告》的联系

2011年11月《第二次气候变化国家评估报告》正式发布，在国家层面为适应和减缓气候变化、开展气候变化国际合作活动，提供了重要的科技支撑。由于我国幅员辽阔，生态类型丰富，气候复杂多样，区域经济特点和发展水平差异大，应对气候变化所面临的挑战和途径也不尽相同，因此，开展区域气候变化评估工作显得尤为重要。

新疆位于我国西北边陲，远离海洋，是典型的内陆干旱气候区，经济发展相对滞后，是气候变化影响的敏感和脆弱地区。新疆正处于加速推进新型工业化、农牧业现代化、新型城镇化的关键时期，气候变化将使新疆面临着更高的灾害风险和更加脆弱的发展环境。编写《新疆区域气候变化评估报告》(以下简称《报告》)可以为区域内各级政府应对气候变化工作提供决策参考，也是对《气候变化国家评估报告》的丰富和补充。

《报告》共分两篇：第一篇分7章，主要描述区域气候变化的基本事实、主要特征、可能原因和未来趋势，并对气候变化的不确定性进行分析；第二篇分5章，从不同领域进行气候变化影响评估(见专栏1)。

《执行摘要》对《报告》进行概括精炼，给出各篇内容的详细结论，篇章结构与《报告》一致。《决策者摘要》根据《执行摘要》主要结论进一步凝练而成。

专栏1:《新疆区域气候变化评估报告》篇章结构

绪论

第一篇 科学基础

第1章 历史时期冷暖干湿变化特征

第2章 器测时期基本气候要素变化事实

第3章 极端天气气候事件和天气现象变化事实

第4章 热量条件变化事实

第5章 区域气候变化归因分析

第6章 区域未来气候变化趋势预估

第7章 不确定性分析

第二篇 影响评估与适应

第8章 气候变化对水资源的影响适应

第9章 气候变化对区域农业的影响适应

第10章 气候变化对生态的影响适应

第11章 气候变化对能源的影响适应

第12章 气候变化对人居环境和健康的影响适应

1.2 使用的资料和评估方法

《报告》主要采用专题研究与文献评估相结合的方法，根据最新资料对观测到的气候变化事实及未来气候变化趋势进行综合分析，并对新疆区域气候变化影响和适应性进行评估。

(1)资料：①1961—2010年新疆区域89个国家气象站观测资料；②政府间气候变化专门委员会(IPCC)第四次评估报告(AR4)的全球气候模式预估资料；③用树木年轮重建的历史气候资料及区域气候统计预估资料；④新疆区域内的水文、冰川、农业、能源等资料。

(2)分析方法：①区域气候序列采用区域内质量控制后的所有站点的算术平均值；②气候要素的变化趋势采用一元线性回归方程拟合，并进行了显著性检验；③极端天气气候事件采用百分位法确定临界值计算。

(3)评估方法：综合、归纳和总结了2011年之前国内外有关新疆区域气候变化科学研究的主要成果，对新疆水资源、农业、生态、能源等领域进行评估，共引用文献270余篇。

2 气候变化观测事实、影响与原因

2.1 历史时期气候变化

用树木年轮重建了新疆多个区域历史时期气候序列，最长的是巴仑台地区过去645年(1360—2004年)的年降水量序列。树木年轮恢复的气候记录表明，1681—2007年北疆年平均气温(图1)大体经历了8个偏冷阶段和8个偏暖阶段，最冷阶段出现在1769—1780年(5.4℃)和1909—1918年(5.4℃)，最暖阶段出现在1947—1959年(6.6℃)和1895—1908年(6.5℃)。20世纪70年代以来温度上升明显(图1)。(见《执行摘要》第一篇1.1～1.4)

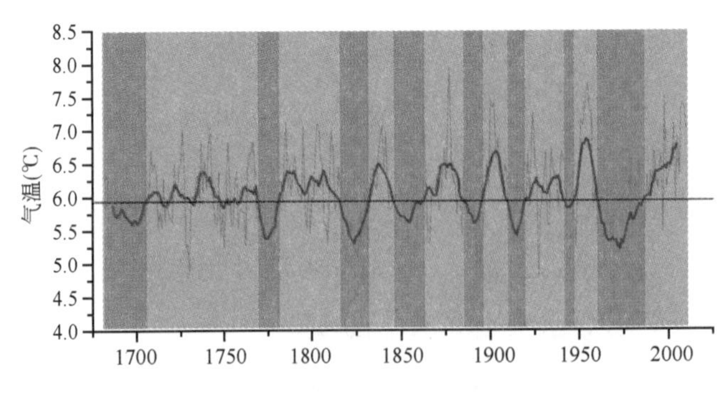

图1 树木年轮重建的北疆1681—2007年年平均气温

(虚线：年平均气温，粗线：11年滑动平均值)

2.2 器测时期气候变化

1961—2010 年，新疆区域气温上升、降水增加，呈现出明显的“暖湿化”特征，20 世纪 80 年代中期以后尤其明显；近 50 年来，新疆区域极端天气气候事件发生频率变化显著，暖事件增加、冷事件减少，极端降水(雪)事件增加，大风、沙尘天气日数减少。

气温显著上升，冬季变暖最为明显。新疆区域 1971—2000 年平均气温为 7.8℃。1961—2010 年，年平均气温升温速率约为 0.32℃/10 年，高于全国和全球同期变化水平。1997 年以后新疆区域变暖尤其明显，年平均气温连续 14 年持续偏高，是近 50 年最暖的 14 年，2001—2010 年代比 1961—1970 年代升高了 1.3℃(图 2)。四季平均气温均呈上升趋势，冬季升温趋势最明显，升温速率达 0.45℃/10 年，秋季次之，夏季最弱。北疆东部和天山山区东部最为明显，升温速率为 0.6～0.8℃/10 年(图 3)。年平均最高气温、年平均最低气温呈显著上升趋势，升温速率分别为 0.25℃/10 年和 0.54℃/10 年。年平均最低温度的上升速率是最高温度的 2 倍，日较差减小。(见《执行摘要》第一篇 2.1)

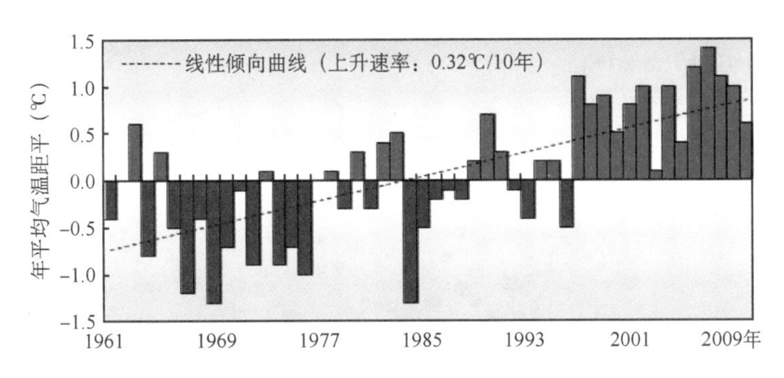

图 2 新疆区域 1961—2010 年年平均气温距平变化趋势

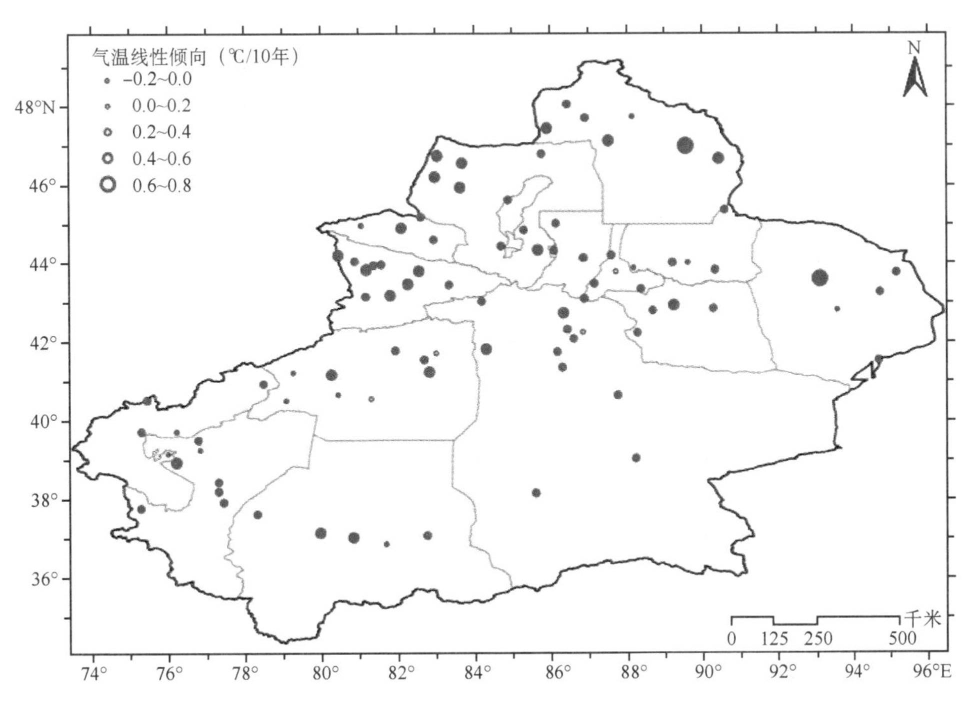

图 3 新疆区域 1961—2010 年年平均气温变化趋势的空间分布

(实心圆圈表示通过 0.05 显著性检验)

降水量增加，以天山山区最为显著。新疆区域1971—2000年平均年降水量为158.1毫米。1961—2010年，新疆年降水量明显增加，增加速率为6.51%/10年。1986年以前降水以偏少为主，1987年以后相反，2001—2010年代比1961—1970年代年平均降水量增加37.9毫米，增幅为26%(图4)。四季降水量呈现一致的增加趋势，夏季增加趋势最明显，秋季最弱。空间分布上以天山山区降水量增加更为明显(图5)。(见《执行摘要》第一篇2.2)

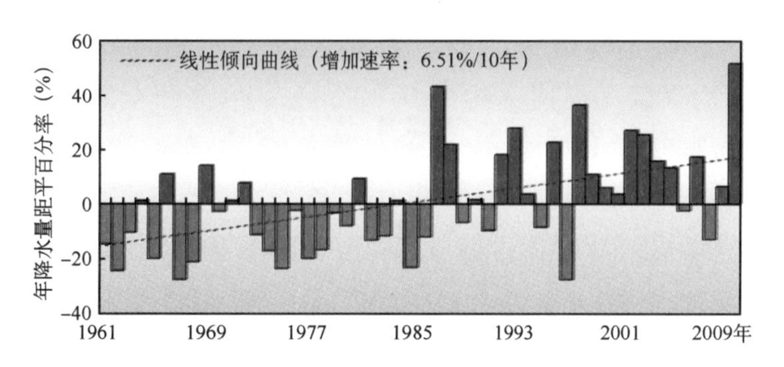

图4　新疆区域1961—2010年年降水量距平百分率变化趋势

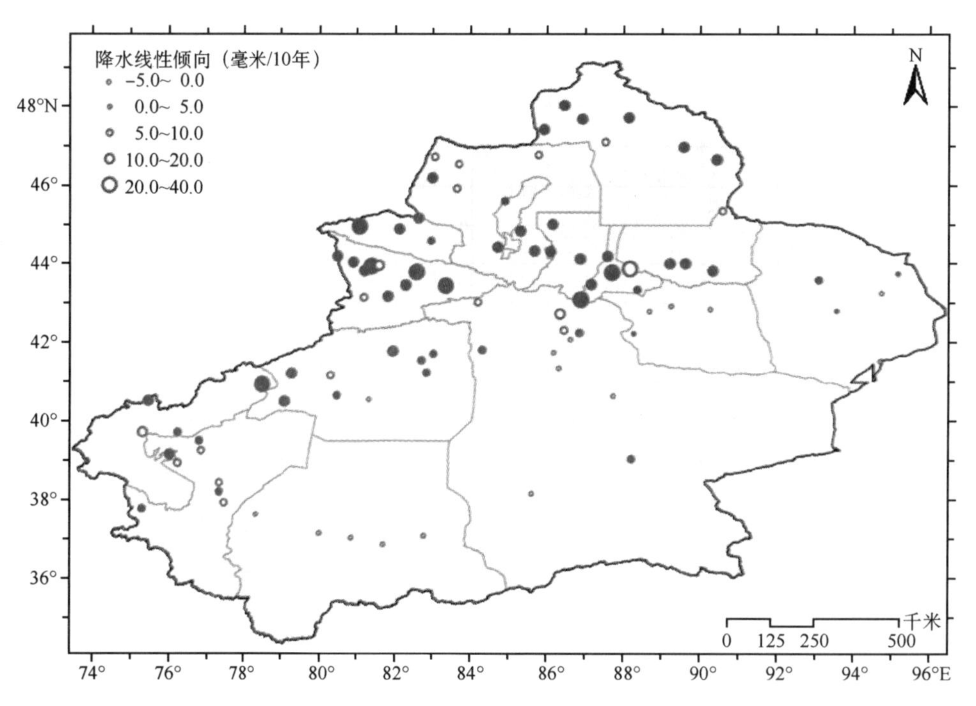

图5　新疆区域1961—2010年年降水量变化趋势的空间分布

(实心圆圈表示通过0.05显著性检验)

降水日数显著增加。1961—2010年，全疆年降水日数(24小时降水量≥0.1毫米)增加速率约为2天/10年;全疆普遍增加，但南疆大部分区域变化趋势不明显。(见《执行摘要》第一篇2.2)

水汽压显著增大。1961—2010年，新疆年平均水汽压每10年增大0.16 hPa，1980年代后期开始明显增大;全疆大部分地区呈增大趋势。四季平均水汽压均呈增大趋势，其中夏季最明显。(见《执行摘要》第一篇2.5)

近地面平均风速以减弱为主。1961—2010年，近地面年平均风速平均每10年下降0.19米/秒;风速变化地区差异较小，春、夏季平均风速减弱相对较明显。(见《执行摘要》

第一篇 2.3）

日照时数普遍呈减少趋势。1961—2010年，新疆年日照时数每10年减少21.8小时，其中1980年代中期以前变化趋势不明显，此后明显减少；日照时数变化趋势具有地区差异性，北疆准噶尔盆地周边及南疆塔里木盆地西南部和哈密增多，其他大部分地方减少。春季日照时数略有增多，其他季节显著减少，其中冬季最明显。（见《执行摘要》第一篇2.4）

极端暖事件增加、冷事件减少。1961—2010年，新疆极端最高气温呈微弱上升趋势，升温速率为0.09℃/10年；暖昼事件和暖夜事件均呈增加趋势，增加速率分别为3.58天/10年、6.75天/10年。极端最低气温呈显著上升趋势，升温速率为0.75℃/10年；冷昼事件和冷夜事件均呈减少趋势，减少速率分别为2.09天/10年、6.59天/10年。年≥35℃高温日数呈显著增加趋势，增加速率为0.61天/10年；年≤−20℃严寒日数呈显著减少趋势，减少速率为2.20天/10年。（见《执行摘要》第一篇3.1，3.2）

极端强降水事件明显增加。1971—2000年，全疆89站每年出现暴雨31.6站·天、暴雪14.8站·天，每年各站暴雨量合计1017.9毫米、暴雪量合计260.5毫米。1961—2010年，上述4个量均呈显著增加趋势。平均日最大降水量呈显著增加趋势，增加速率为0.84毫米/10年；极端降水事件呈增加趋势，增加速率为1.04天/10年；平均最长连续降水日数呈显著增加趋势，增加速率为0.118天/10年；平均最长连续无降水日数呈显著减少趋势，减少速率为1.97天/10年。（见《执行摘要》第一篇3.1，3.2）

沙尘天气、冰雹、雷暴等发生频率明显减少。1961—2010年，年大风、沙尘暴、扬沙和浮尘日数均呈显著减少趋势，减少速率分别为4.03天/10年、1.63天/10年、2.90天/10年、4.89天/10年；年冰雹日数、年雷暴日数均呈显著减少趋势，减少速率分别为0.16天/10年、1.28天/10年；年雾日数增加趋势不显著。（见《执行摘要》第一篇3.2）

2.3 观测到的气候变化影响

2.3.1 水资源

水资源是制约和影响新疆经济社会发展、生态与环境保护的关键要素。大气降水、河水、湖水和地下水是新疆水资源利用的主要来源，高山冰川和季节积雪对新疆水资源起重要调节作用，空中水汽是新疆各类水资源的根本补给源。

水汽净收入量和水汽转化率均无显著变化趋势。1961—2010年新疆每年平均分别有24421亿吨、23795亿吨水汽流入、流出，净水汽收入量626亿吨。新疆地区整层大气平均可降水量的两个高值区分别位于塔里木盆地和准噶尔盆地上空，干旱区空中水汽并不缺乏。1961年以来，新疆上空水汽总流入量、总流出量和水汽净收入量均无显著变化趋势，水汽转化率变化趋势也不明显，但年际变化幅度大。（见《执行摘要》第二篇8.1、8.5）

降水总量显著增加，地表径流量呈增加趋势。1961—2010年新疆平均降水总量约为2760亿立方米，年际变化较小，尤以天山山区最为稳定。50年来全疆降水总量以每10年173亿立方米的速率增加。近30年以来，新疆出山口地表总径流量呈增加趋势，但存在明显的空间差异。区域变暖改变了新疆融雪补给河流的年内径流分布，北疆额尔齐斯河上游的各支流月最大流量由 6 月提前到 5 月，在一定程度上缓解了春旱；但南疆以冰川融水补给为主的河流在汛期径流增加幅度最大，增加了防洪压力。（见《执行摘要》第二篇 8. 1、8. 2、8. 3）

专栏 2：新疆夏季 0℃层高度变化特征

夏季高山冰川融水是新疆河川径流的主要来源之一，冰川融水量的多少与夏季高空温度密切相关。夏季 0℃层高度的年际变化可以作为描述山区冰川消融量的年际变化指标。1961—2010 年新疆夏季 0℃层平均高度总体呈上升趋势，1990 年代初以后上升明显，年际间变化幅度加剧。近 50 年来，天山山区和阿尔泰山区夏季 0℃层高度均呈显著上升趋势，但昆仑山区略有下降。

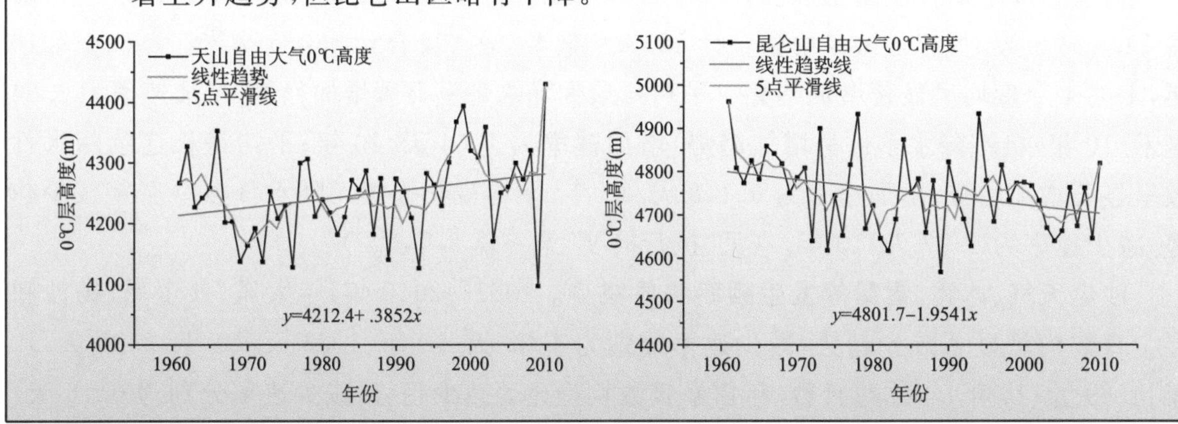

积雪增加，冰川融化速度加快。冬春积雪是新疆重要水资源之一，年平均积雪储量为 181 亿立方米。1961 年以来，新疆北部最大积雪深度呈显著增加趋势，平均每 10 年增长 8%。新疆的冰川分布在阿尔泰山、天山、帕米尔、喀喇昆仑山和昆仑山，是中国冰川规模最大和冰储量最多的地区。近 50 年来，冰川消融加速，监测到的全疆 1800 条冰川总面积缩小了 11.7%。1990 年之后塔里木河流域河流径流量的增加约 3/4 以上源于冰川退缩的贡献。（见《执行摘要》第一篇 3. 2、第二篇 8. 1、8. 4）

各类洪水发生的频次和强度有上升趋势。50 年来，新疆洪水发生频次增高、灾害损失增加，融雪融冰和降水引发的混合型洪水以及冰湖溃决型洪水均显著增加。新疆极端洪水呈区域性增加趋势，南疆尤其明显，20 世纪 90 年代以来各流域洪水发生频次和强度增加趋势尤其显著。北疆塔城地区甚至在 2010 年 1 月隆冬时节出现融雪型洪水。（见《执行摘要》第二篇 8. 6、8. 3）

2. 3. 2　农业

由于气候变暖，新疆农业区热量条件改善，无霜期延长；棉花生育期延长、产量增加；冬小麦生育期缩短；牧草气候生长潜力增加；农业病虫害发生加重。

热量条件改善，无霜期延长。1961—2010 年，新疆区域作物生长季积温呈现一致的显著增多趋势，≥0℃和≥10℃积温分别以每 10 年 67. 8℃ · d 和 56. 9℃ · d 的速率增加；

初霜日显著推迟，终霜日提前，无霜期平均每10年延长3.6天。（见《执行摘要》第一篇4.2～4.5）

棉花生育期延长，产量提高，种植范围扩大。冬小麦生育期缩短，甜菜含糖量下降。牧草气候生产潜力增加。由于气候变化，与20世纪90年代相比，2001—2010年全疆棉花全生育期延长了4～8天；北疆部分棉区棉花品种由早熟更换为中熟，生育期延长10天左右，产量提高；棉花种植北界由45°01′N（莫索湾）北推到46°23′N（福海县），适宜种植区海拔高度提高了200 m左右。冬小麦播种期20世纪90年代比20世纪80年代推迟了4～8天，但春初提前返青，全生育期缩短了7～9天。8—9月气温升高、日较差减小不利于甜菜含糖量的提高。1961—2007年，伊犁河流域牧草气候生产潜力增加了48.3%，天山北坡草原生态系统净初级生产力也呈上升趋势。（见《执行摘要》第二篇9.1）

农业病虫害发生程度加重，南疆特色林果冻害时有发生。2001年以来，棉铃虫在乌苏市逐渐由次生害虫上升为主要害虫。草场草地螟越冬代成虫羽化期提前，越冬蛹成活率提高，危害面积扩大。已经在海拔3500～4500米的昆仑山脉发现有第二代草地螟幼虫危害，是我国目前记录的草地螟发生危害海拔最高的地区。冬季变暖变湿对南疆特色林果安全越冬有利，但也导致病虫害增多；在气候变暖的大背景下，近10年来南疆异常冷事件出现的概率却在增加，致使林果发生冻害的可能性也在加大；早春气候变化导致南疆林果春季早发，但南疆大部分林果区早春霜冻日数、单站寒潮次数增加，花芽膨大期增加了遭遇低温冻害的风险。（见《执行摘要》第二篇9.1）

2.3.3 生态

荒漠化、沙漠化面积扩大，湿地面积和生物多样性下降，草地退化，生态与环境质量总体稳定，局部改善。1994—2000年，新疆荒漠化、沙漠化面积的增加速率分别为10.52万公顷/年和3.87万公顷/年，沙漠化治理局部好转，大部分地区沙地仍在不断扩大，其中，塔克拉玛干和古尔班通古特沙漠面积增加尤为突出。1986—1999年，全区草地面积平均每年减少9.6万公顷，草地退化率和超载率分别增加了10.7和57.1个百分点，新疆和平解放以来草地生产量下降了35.4%～73.3%，每个羊单位需草地面积增大了23%～43%。2005—2010年，全区88个县（市）中，生态与环境质量3个县（市）略微变好，84个县（市）无明显变化，总体趋于稳定，局部有所改善。天然湖泊面积季节性变化加剧，荒漠化和沙漠化面积扩大，草地退化严重，湿地面积及生物多样性锐减。（见《执行摘要》第二篇10.1）

2.3.4 能源消耗

采暖耗能减少，制冷耗能增加，风能和太阳能资源量略下降，但开发利用潜力仍然巨大。1959—2004年，新疆16个主要城市年采暖度日数普遍减少，减少速率平均为77.9度·日/10年，以塔城市减少最多；乌鲁木齐市采暖期2000年以后较前20年缩短了12天左右。16个主要城市中有12个年制冷度日增加，增加速率平均为4.3度·日/10年，塔城、阿克苏、库尔勒、和田等地增加最为明显。平均风速的减小导致年平均风功率密度和有效风功率密度的减小，但大风日数的减少，使得年有效风速小时数增加。1961—2010年，新疆太阳总辐射略减少，年日照时数每10年减少21.8小时，太阳能资源总量有所下降。但是，新疆风能、太阳能资源均为全国最丰富的省区之一，开发利用潜力巨大，气候变

化导致的资源量下降不会对风能、太阳能的开发利用造成大的影响。(见《执行摘要》第二篇 11.2、11.3、11.4)

2.3.5 人居环境与健康

极端天气气候事件变化对人体健康与交通运输有重要影响。冬季升温显著，但近年破纪录的极端严寒事件仍时有发生，夏季酷热日数增加，强度增强，环境温度的极端变化导致以心脑血管、呼吸系统疾病为主的发病率增加。近 50 年来，大风、沙尘天气日数减少，但承灾体脆弱性加大，交通运输业灾害损失有加重趋势。(见《执行摘要》第二篇 12.1～12.3、第一篇 3.2)

2.4 区域气候变化的原因

驱动气候变化的因子包括自然和人为两个方面。自然因子主要包括太阳活动、火山爆发以及气候系统内部的变化(如厄尔尼诺、温盐环流等)等；人为因子主要包括人类燃烧化石燃料以及毁林等引起的大气中温室气体浓度的增加，大气中气溶胶浓度的变化，土地利用和陆面覆盖的变化等。(见《执行摘要》第一篇 5.1)

新疆区域气候变化作为全球气候变化的一部分，受温室气体、区域内土地利用状况改变(包括城市化、农业灌溉等)、气溶胶的排放等人类活动的影响明显，同时，气候系统内部变化对新疆区域气候变化的影响也很明显。山麓和绿洲区域土地利用状况改变，特别是大城市区域高强度人类活动，可能对当地气温和降水变化造成了不可忽视的影响。绿洲区域降水的增加可能和农业灌溉引起的局地水循环增强有关，城市区域气温上升与加强的城市热岛效应有关。北大西洋涛动和北半球大气环流系统的低频振动可能也对区域气温变化产生了一定影响。(见《执行摘要》第一篇 5.3、5.5、5.6)

3 未来气候变化趋势与潜在影响

3.1 未来可能的变化趋势

专栏 3：排放情景和气候模式说明

1. 排放情景

为了预估未来全球和区域气候变化，必须事先提供未来温室气体和硫酸盐气溶胶排放的情况，即所谓的排放情景。排放情景通常是根据一系列因子(包括人口增长、经济发展、技术进步、环境变化、全球化、公平原则等)假设得到的。对应于未来可能出现的不同社会经济发展状况，通常要制作不同的排放情景，其中 A1B 代表中等排放情景。

2. 气候模式

气候模式是根据基本的物理定律，来确定气候系统中各个分量的演变特征的数学方程组，并将上述方程组在计算机上实现程序化后，就构成了气候模式。气候模式可以用来描述气候系统、系统内部各个组成部分及各个部分之间、各个部分内部子系统间复杂的相互作用，已经成为认识气候系统行为和预估未来气候变化的定量化研究工具。

未来百年地面气温继续上升。根据树轮长时期气候序列统计预估结果，新疆北部及天山山区5—8月温度在2012—2017年以偏暖为主，在2018—2030年为偏冷阶段。在给定的三种排放情景A2(高排放)、A1B(中等排放)、B1(低排放)下，各模式预估新疆区域地面气温均进一步上升，增温幅度存在一定差异，但在各个时期都高于同期全国平均水平，与1971—2000年相比，2051—2060年可能增暖1.9～2.7℃，2091—2100年将增暖2.7～4.2℃。(见《执行摘要》第一篇6.1、6.2)

未来百年降水可能进一步增加。根据树轮长时期气候序列统计预估结果，天山北坡西部地区2021—2030年为自然气候波动的偏湿阶段，而东部地区2019—2030年为自然气候波动的偏干阶段。虽然各个模式预估的降水差异较大，但整体上21世纪不同时期新疆地区平均降水呈现增加的趋势，21世纪中期年平均降水可能增加5%左右，到21世纪末可能增加10%左右。(见《执行摘要》第一篇6.1、6.2)

3.2 未来可能的影响

地表径流有所增加，但水资源供需矛盾依然突出。模式预估整个21世纪，新疆地区气温上升、降水增多的趋势将持续，未来极端水文事件发生频率可能增加。新疆地区的冰川融化趋势近期内将持续，冰川面积和厚度将持续减少，同时，新疆冰川径流增多的趋势亦将持续。塔里木河流域以冬春季降水量和春夏季径流量增加为主。尽管未来水资源量会增加，但由于社会经济发展，需水量持续上升，水资源短缺问题依然突出。(见《执行摘要》第二篇8.7)

作物潜在生长期延长，种植区域北移扩大，但农牧业脆弱性增加。未来气候变暖使新疆农业热量资源更为丰富，农作物适宜生长季开始日期提早、终止日期延后，适宜生长季延长。如在农业水分需求满足的地方，多熟制种植区域可能北移扩大。局部干旱高温等极端事件危害加重，农业生产的不稳定性增加，产量波动和气象灾害损失加大。未来气候变暖，受温度限制的病虫害活动范围扩大，虫口繁殖率提高，而且有利于病虫害的越冬、繁殖，促使病原、虫源基数增多，可能进一步增大农业的脆弱性。未来山区降水量或冰雪融化水量的增加，草场生产力提高，典型草原和荒漠草原载畜量也将增加；高寒牧区温带荒漠、高寒草原面积虽然将出现较大缩减，但气温升高可提高单位面积草地生产力，延长放牧时期，单位面积载畜量也因此增加。(见《执行摘要》第二篇9.2)

未来气候变暖和区域降水量的增加，对生态与环境的影响有利有弊，但并不能改变新疆干旱区的基本面貌。未来气候暖湿化将有利于自然植被生产力的提高。未来山区降水、冰雪融水的增加，森林、草地生产力和积蓄量、载畜量提高。河流径流量增加，但流域蒸发加剧，土地沙漠化、盐渍化速度不断加快。湖泊面积受地表径流的影响会有总体增加，但局部的面积变化幅度将加强，受其影响湖泊及湿地生态系统脆弱性加大，生物多样性将受一定的破坏。但是降水可能增加的地区若在绿洲以外，其变化复杂，影响的不确定性较大。（见《执行摘要》第二篇 10.2）

减少采暖能源消耗。未来新疆平均采暖度日数呈现减少的趋势，总度日数将降低，气候变暖将有利于新疆冷期热舒适度的改善，有助于新疆采暖季能源消耗量的减少，对减轻城市大气污染有利。夏季新疆气候耗能将有所增加。（见《执行摘要》第二篇 11.5）

对人体健康影响利弊兼有。未来气候暖湿化将减少与冬季极端严寒相关的发病率，但空气湿度加大可能导致病原性传染性疾病的发生和传播，极端高温事件频率和强度的增加将导致心血管等相关疾病发病率上升。（见《执行摘要》第二篇 12.3）

4　不确定性分析

气候变化研究结果的不确定性主要来自以下几个方面：(1)观测资料的不确定性，主要包括观测的随机误差和系统误差，观测环境变化等造成的资料不均一；(2)气候模式和影响评估模型的不确定性，主要源自对气候系统认识和描述能力的不完备；(3)排放情景的不确定性，包括温室气体和气溶胶等排放和估算的不确定性；(4)“认知”因素：限于目前认知水平，对气候系统或气候影响的某些方面无法知道。在定性描述气候变化某个结论的不确定性时，IPCC 第五次评估报告根据证据的类型、数量、质量和一致性（如对机理认识、理论、数据、模式、专家判断），以及各个结论达成一致的程度，评估对某项发现有效性的信度。信度以定性方式表示。一般使用“证据数量的一致性”和“科学界对结论的一致性程度”两个指标。本报告参照 IPCC 不确定性描述方法，通过分析结论在表 1 中的位置来判断其不确定性特征。表 1 中，左下位置 A 的不确定性最大，右上位置 I 的不确定性最小。（见《执行摘要》第一篇 7.1）

《报告》中观测到的新疆区域温度升高，降水增加的结论，由于各项研究一致性高，研究证据充分，因此结论应处于 I 的位置：一致性高，证据量充分。其他观测到的气候变化趋势，通过资料质量控制，选取代表性站点等降低了资料误差，但观测环境变化、数据分析方法等对分析结论仍有影响。因此其结论应处于 H 的位置：一致性高，证据量中等。（见《执行摘要》第一篇 7.2）

《报告》中未来气候变化趋势预估，采用国家气候中心提供的多个全球气候模式加权平均值。全球气候模式集合平均模拟的地面年平均气温和年平均降水量，在气候平均值的模拟上与实况较为接近，但对地形复杂区域气候变率和极端气候事件的模拟与观测实况相比有较大的误差。同时，由于排放情景的不确定性以及预估结果在不同研究中的差异，未来气温、降水和极端气候事件的预估结论，仍有较大的不确定性，应处于 D 的位置：一致性中等，证据量有限。因此，气温和降水的预估结论应处于 E 的位置：一致性中等，证据量中等。（见《执行摘要》第一篇 7.3）

《报告》对不同领域的影响评估，由于文献数量有限，所使用的评估方法、资料和年代不同，影响评估结论有较大差异。同时，影响评估模型仍然有较大的不确定性。因此，对此部分的评估结论应处于D的位置：一致性中等，证据量有限。（见《执行摘要》第一篇7.5）

表1 不确定性的定性定义

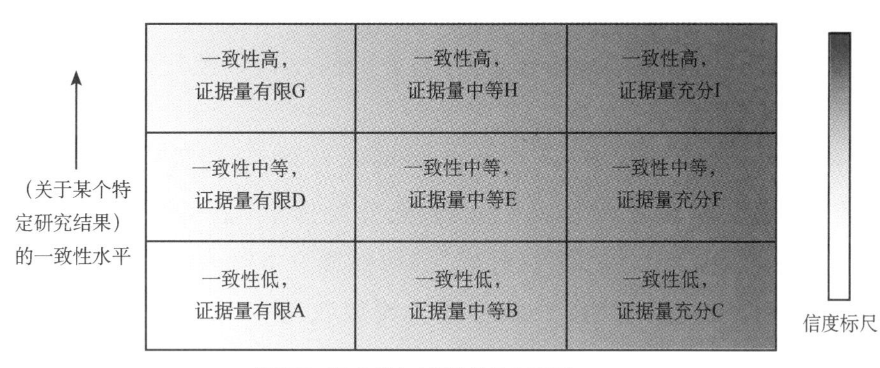

（关于某个特定研究结果）的一致性水平 ↑			
	一致性高，证据量有限G	一致性高，证据量中等H	一致性高，证据量充分I
	一致性中等，证据量有限D	一致性中等，证据量中等E	一致性中等，证据量充分F
	一致性低，证据量有限A	一致性低，证据量中等B	一致性低，证据量充分C

5 适应气候变化的政策和措施

应对气候变化包括减缓和适应两个重要方面。减缓是一项相对长期、艰巨的任务，而适应则更为现实、紧迫。在我国各省（区、市）中，新疆经济社会发展整体上相对落后，提出“主动适应，注重减缓”应对方针，在努力推进气候变化减缓工作的同时，积极利用气候变化所带来的有利条件，规避不利影响，建立健全适应气候变化的策略与措施。

5.1 水资源

加快山区水利枢纽工程建设，适应水资源管理。（1）加强水利基础设施建设，尤其是山区水利枢纽工程建设；（2）加快实施引水、节水工程，提高水资源利用效率；（3）加强洪旱灾害变化规律和区域水资源利用布局研究；（4）探索更长周期的水资源调蓄方法。（见《执行摘要》第二篇8.8）

建立健全覆盖区地县的综合防洪抗旱体系，降低洪水灾害的损失。（1）建立洪水、旱情等监测、预测及预警体系，健全防洪抗旱管理机制；（2）建立气候预测、预估与水资源信息共享机制，为水资源的合理调配和布局提供技术支撑；（3）加强中小河流山洪及地质灾害监测预警体系建设。（见《执行摘要》第二篇8.8）

加快空中水资源开发利用，缓解新疆突出的干旱问题。（1）科学地推进新疆山区人工增水中长期规划；（2）建立稳定长效的投入和多方协作机制；（3）实施阿尔泰山、天山、昆仑山三大山区的人工增水工程建设，建立人工影响天气业务技术体系。（见《执行摘要》第二篇8.8）

5.2 农业

推进农业结构和种植制度调整。（1）调整耕作制度，在南疆部分地区增加麦—玉米两熟、麦—菜两熟、果粮间作、果棉间作的面积，提高复种指数；(2)适当发展设施农业，发展特色优质瓜果；(3)改进农作物品种布局，研发配套栽培技术。(见《执行摘要》第二篇 9.3)

有效防范农业相关灾害风险。(1)加强干旱、大风、低温冻害等农业气象灾害的监测、预测和预警体系建设；(2)加强病虫害监测和预警，综合利用物理、生物与化学等手段防治病虫害；(3)持续推进作物改良，加强抗病能力品种的研发；(4)推广农业保险，有效分散农业自然灾害风险。(见《执行摘要》第二篇 9.3)

建立以节水为中心的农业体系。(1)选育产量潜力高、品质好、耐干旱的优良作物品种；(2)加快水利基础建设，发展高效节水灌溉，充分发挥水、肥利用效率；(3)采用薄膜覆盖、免耕、秸秆覆盖等耕作技术。(见《执行摘要》第二篇 9.3)

提高牧业适应气候变化的能力。(1)合理轮流放牧与季节性放牧，围栏封育与休牧，减少放牧强度；(2)强化饲草储备和棚圈建设，提高抗灾和防灾能力；(3)发展集约化草原畜牧业，实行牧草区域化种植。(见《执行摘要》第二篇 9.3)

5.3 生态

完善生态治理协调管理体制和政策。建立信息资源共享平台和机制；加大“退牧还草”、“禁牧舍饲”实施力度，促进退牧还草、禁牧休牧等补助政策有效实施；加大对草原生态建设的倾斜支持力度。(见《执行摘要》第二篇 10.3)

加快具有示范作用的适应模式研发。包括土壤盐渍化治理模式、绿洲防护生态安全保障体系建设模式、北疆地区水土—水盐—生态平衡模式、南疆地区水量—水土—灌排平衡模式等。(见《执行摘要》第二篇 10.3)

加强生态与环境动态监测。利用遥感、地理信息系统和全球定位系统技术，建立生态与环境监测系统，对植被、湖泊、积雪的变化进行动态监测和评估；强化森林、草原防火监测，努力改善生态与环境。(见《执行摘要》第二篇 10.3)

强化生态保育技术保障体系建设。依托国内外科技力量，加快高新节水技术推广应用，恢复植被，在中低产田改造等大型工程行为中，加强生态防护、治理等技术保障体系的建设。(见《执行摘要》第二篇 10.3)

5.4 能源

大力开发利用风能、太阳能资源。(1)加强风能、太阳能等可再生能源的开发利用，大力发展风电和光伏产业；(2)建立和充分利用风能和太阳能资源监测网络、预报系统；开展风能、太阳能精细化评估工作。(见《执行摘要》第二篇 11.6)

科学调配采暖能源。(1)研发精细化采暖能耗气象预测和预报技术，建立供电、供暖气象监测和预警平台；(2)引导和鼓励供暖企业依据气象条件科学界定供暖期开始和结束时间及供暖强度。(见《执行摘要》第二篇 11.6)

5.5 人居与健康

强化气候变化导致的突发卫生事件的应急处置。(1)建立健全气候变化对人体健康危害的应急预案,确定季节性、区域性防治重点,及时高效向公众发布信息;(2)在自然环境较恶劣的区域和城市强化综合应对措施,特别是针对塔里木盆地沙尘、吐鲁番高温、北疆冬季严寒和暴雪等极端天气气候事件的变化,实施针对性预防控制措施;(3)建立气候灾难灾后心理干预机制,提高抵御风险和应急处置突发卫生事件的能力。(见《执行摘要》第二篇 12.3)

修订工作环境劳动防护标准,提高公众适应能力。(1)根据不同区域的气候变化特征,修订居室环境调控标准,以及高温酷暑等劳动防护标准,以提高人体舒适度和工作效率,有效保护劳动者权益。(2)加强公众自我保护意识与健康教育,掌握适应气候变化的卫生保健、营养知识和应对极端天气气候事件的应急防护技能。(见《执行摘要》第二篇 12.3)

5.6 加强科技支撑,提升防灾减灾能力

加快气象灾害监测站网布局和建设力度。(1)加快新疆基本气象监测站网布局整体规划和统一布局;(2)加强多部门建设的自动气象监测站的统一管理,最大限度地发挥测站网综合效应。

提高灾害风险管理能力,加强基层灾害预警能力建设。根据全疆各级政府部门对防灾减灾工作日益增长的需求,加快区、地、县、乡灾害预警能力建设,尤其是要加强县和乡镇等基层预警能力建设。

强化气候变化背景下的防灾减灾科技支撑。(1)加强气候变化背景下新疆各类自然灾害的变化规律及其引发机制研究;(2)推进重大工程建设、城乡发展区划、规划等工作中的气候可行性论证机制,综合考虑气候变化背景下各类极端天气气候事件的影响评估,提供科学支撑。

加强应对气候变化科普宣传。加强各级政府部门面向是乡村农牧民、城镇居民的防灾减灾科普力度,尤其要加强青少年科普教育工作,提高全社会应对气候变化能力。

6 结束语

在中央和全国各省(区、市)大力支持下,新疆迎来了非常难得的发展机遇。实现“环保优先、生态立区”绿色低碳发展是落实科学发展观、实践可持续发展的必然选择。全面调动社会力量,积极应对气候变化,为新疆跨越式发展保驾护航。

新疆区域
气候变化评估报告
执行摘要

第一篇　科学基础

第1章　年轮恢复的新疆历史时期冷暖干湿变化特征

新疆气候实测资料大多仅有50年，而历史气候记载又残缺不全，无法构成连续的序列。新疆干旱的气候及山区、平原的原始森林为从事年轮气候、年轮水文研究创造了得天独厚的条件，一些研究成果可以揭示新疆近百年来的气候变化情况。20世纪70年代中期以来，采集了大量的树木年轮标本，利用年轮年表重建了近二、三百年来新疆降水、温度、流量和水热指数的历史序列，并建成了国内唯一的年轮样本资料库(李江风，2010)。近年来，年轮气候学发展迅速，提取的历史气候信息更加丰富，同时利用年轮资料恢复了更多区域的长时间气候要素序列，最长的是巴仑台地区过去645年(1360—2004年)的年降水量序列(张同文，2011)。总的来看，新疆16世纪初到19世纪末为冷湿期，但16—19世纪的中期出现了偏暖的时段。新疆不同区域的变化有共同特征也有细节差异，与哈萨克斯坦东北部区域的气候变化也有共同之处，反映出在一些关键时段的冷暖变化上多个区域的气候变化有良好的响应关系。

1.1　树木年轮揭示的天山山区气候变化事实

1. 天山山区温度

袁玉江等重新整理区域年轮资料，建立了天山山区年平均气温重建序列(图1.1)，结果显示，1681—2002年天山山区年平均气温大体经历了8个偏暖阶段和7个偏冷阶段(表1.1)，最暖阶段出现在1986—2007年，最冷阶段出现在1910—1917年。20世纪70年代开始温度迅速上升。

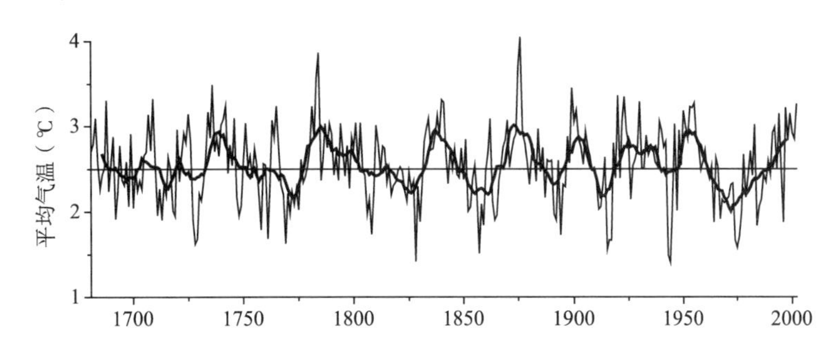

图1.1　1681—2002年天山山区年平均气温重建序列和11年滑动平均曲线图

(注：图中平均值为天山山区年平均气温实测值1971—2000年30年平均值)

2. 天山山区降水

利用4个降水重建序列与天山山区10个气象站降水变化的响应关系，重建了天山山区近235年来气候变化的年降水序列(图1.2)(魏文寿，2008)。近235年天山山区降水大致经历了7个偏干阶段和7个偏湿阶段，其中偏湿年份为124年，多于偏干年份。天山山区的降水量以2.1年、3.0年、5.8年、6.0年的高频变化和24～25年的低频变化周期最为显著。

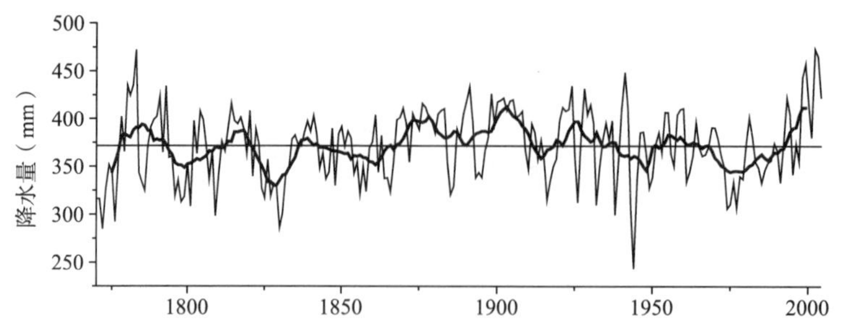

图 1.2　天山山区年降水量重建值和 11 年滑动平均曲线

（注：图中平均值为 1971—2000 年实测数据的平均值）

1.2　树木年轮揭示的北疆气候变化事实

1. 北疆温度

袁玉江等利用树轮年表重建了 1861—2007 年北疆年平均气温序列（图 1.3），1861 年以来北疆大体经历了 8 个偏冷阶段和 8 个偏暖阶段（表 1.3），最冷阶段出现在 1769—1780 年和 1909—1918 年，最暖阶段出现在 1947—1959 年。20 世纪 70 年代以来温度上升明显。

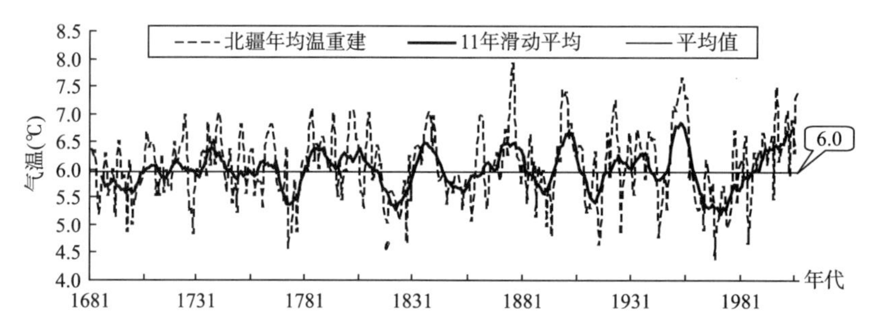

图 1.3　北疆年平均气温序列（虚线）及 11 年滑动平均值（粗线）

（注：图中平均值为北疆年平均气温实测值 1971—2000 年 30 年平均值）

2. 北疆降水

袁玉江等利用多个区域的树轮年表结合实测资料重建了 1770—2007 年北疆年降水量序列（图 1.4），1770—2007 年，北疆年降水量大体经历了 7 个偏干阶段和 7 个偏湿阶段（表 1.4）。最长的偏干阶段是 1966—1992 年，最长的偏湿阶段是 1865—1911 年。

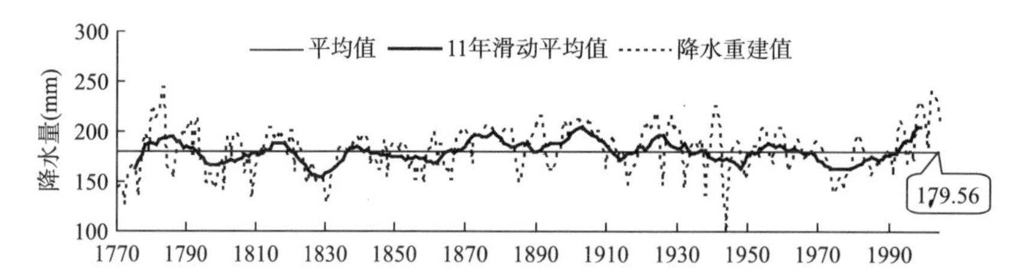

图 1.4　北疆 1770—2004 年年降水量序列（虚线）及 11 年滑动平均值（粗线）

（注：图中平均值为北疆年降水量实测值 1971—2000 年 30 年平均值）

3. 阿勒泰地区冬季降雪

用采自新疆阿勒泰中东部地区的树木年轮样本，重建该地区 1818—2006 年 189 年来当年 1—2 月的降雪量（胡义成，2012）。阿勒泰地区 189 年来降雪量的重建序列具有 5 个偏少阶段和 5 个偏多阶段。目前仍处于冬季降雪偏多的年代际时段，对应北疆北部进入 21 世纪后冬季雪灾多发频发。

4. 北疆呼图壁河流域生长季植被指数

用天山北坡中部呼图壁河流域6个年轮标准化年表，结合1981—2001年NOAA-AVHRR-NDVI资料提取研究区生长季草地各月最大NDVI值，重建了1662—2001年呼图壁河流域9月草地最大NDVI值(高卫东，2012)。1662—2001年间，呼图壁河流域9月草地NDVI经历了9个持续时间较长的偏高阶段和9个偏低阶段。NDVI重建值的1701—1722年偏干阶段和1923—1959年偏湿阶段与之对应。

1.3 树木年轮揭示的塔里木河流域气候变化事实

通过对沙漠与山区树木年轮研究中的采样、年表特征及年表中的水分信息三个问题的比较分析，在塔里木河中下游沙漠地区树轮年表与山区的差异，从采样地点、采样方法等方面有不同的要求，年表所反映的其后信息量也是有差异的，沙漠年表的水分限制因子是流量，山区是降水，沙漠年表中的流量信息多于降水，山区相反(李江风，1988)。

1. 阿克苏河流域降水

用采自天山南坡阿克苏河流域的树轮样本，分析重建了天山南坡阿克苏河流域阿克苏气象站1396—2005年从上一年8月到当年4月的降水序列(张瑞波，2009)。天山南坡阿克苏河流域降水在1416—1990年经历了9个偏湿期及9个偏干期，阿克苏河流域过去600年来降水有增加的趋势；降水年际变化极不均匀，洪水、干旱、雪灾等自然灾害频繁发生。

2. 阿克苏河径流

用采自天山南坡阿克苏河上游5个采样点的树木年轮样本，分析重建了阿克苏河过去300年的年径流量系列(张瑞波，2011)。在全球气候变暖的背景下，阿克苏河近45年来的径流量呈明显的增加趋势，但其增加幅度并不是近300年来最明显的，年径流量并未超过300年间的极值。1990年代以后阿克苏河处于丰水期。20世纪50年代可能是近300年来洪涝灾害最为频繁的年代。

3. 阿克苏河流域沙尘日数

用阿克苏河流域山区吾力街力克和英阿特河标准化自回归年表，重建阿克苏气象站过去611年的4—7月沙尘天气日数序列(张瑞波，2010)。在过去611年中，阿克苏河流域沙尘天气日数经历了9个偏湿期及9个偏干期，降水的增加有利于制约沙尘天气的发生，在新疆气候暖湿化的背景下，沙尘天气有望减少。17、18世纪沙尘天气较为频繁，15—17世纪，沙尘天气日数明显增加，18—20世纪，呈下降趋势。

1.4 新疆不同区域百年尺度气候变化异同及其与周边地区气候变化的联系

新疆区域内用树轮恢复的历史气候序列中，具有相同或相似的变化特征。用巴里坤湖湖滨浅滩60 cm深的剖面，结合210Pb测年和树木年轮年代学研究，重建了北疆500年来气候与环境演变序列(韩淑媞，1992)。北疆近500年来经历了3个冷湿期(1550—1660年、1700—1804年和1875—1962年)和4个暖干期变化(1470—1544年、1660—1700、1810—1865年 1962—1982年)，三次冷湿期与500年来全球变化相吻合。

重建的博州1576—2002年的年最低气温序列(喻树龙，2008)、博尔塔拉河流域夏季平均温度(潘亚婷，2007)、乌鲁木齐河流域大西沟积温(袁玉江，2005)和冬季最低温度(袁玉江，1999)在1832年左右或者1831—1835年左右的突变点相近似。20世纪70年代以来，温度上升明显。

近百年来哈萨克斯坦东北部温度变化与中国新疆阿勒泰地区西部一致。利用哈萨克斯坦东北部的阿尔泰山南坡森林上限区的树轮资料，重建了310年来卡通卡拉盖气象站6月平均温度学列，分析该地初夏温度变化历史(尚华明,2011)。310年来,哈萨克斯坦东北部6月温度存在持续时间较长的两个冷期(1840—1871年和1906—1924年)和两个暖期(1805—1839年、1872—1906年),与新疆阿勒泰地区西部树轮记录的6月平均温度序列(尚华明,2010)、5—9月温度序列(张同文,2008)所反映的冷暖阶段是对应的。重建的初夏温度序列并没有在20世纪后期出现明显的上升的趋势,与全球近百年来气候变暖的趋势不太一致,可能是由于这一区域的增温主要发生在秋冬季,夏季的升温并不明显。

第2章 器测时期基本气候要素变化事实

在全球变暖背景下，近50年(1961—2010年)，新疆区域及北疆、天山山区、南疆各分区的年和四季平均气温、平均最高气温、平均最低气温呈一致的上升趋势，年和四季降水量呈一致的增加趋势，年降水日数呈显著增多趋势，年平均风速呈显著减小趋势，年日照时数呈减少趋势，水汽压呈显著增加趋势。

2.1 气温变化

2.1.1 平均气温

新疆区域及北疆、天山山区、南疆各分区1971—2000年年平均气温分别为7.8℃、6.5℃、3.0℃、10.8℃。1961—2010年，新疆区域年平均气温呈显著上升趋势，升温速率约为0.32℃/10a，远远高于全球近百年平均升温速率0.07℃/10a(IPCC,2007)，也高于全球近50年升温速率0.13℃/10a和全国同期平均升温速率0.22℃/10a(《气候变化国家评估报告》,2007)；1990年代以前以偏冷为主，1990年代以后以偏暖为主，其中1997年以后出现了明显增暖，年平均气温连续14年持续偏高，是近50年最暖的14年，2001—2010年代比1961—1970年代升高了1.3℃。北疆、天山山区、南疆各分区年平均气温变化趋势与新疆区域一致，均呈显著上升趋势，升温速率分别为0.37℃/10a、0.34℃/10a、0.26℃/10a,2001—2010年代比1961—1970年代分别升高了1.5℃、1.4℃、1.0℃(见图2.1)。

从地域分布看，近50年新疆区域年平均气温变化趋势的空间分布地区差异较小，仅南疆偏西的库车、阿克陶呈降温趋势，降温速率在0.1℃/10a以内；全疆其他地区均呈显著升温趋势，增温幅度由南

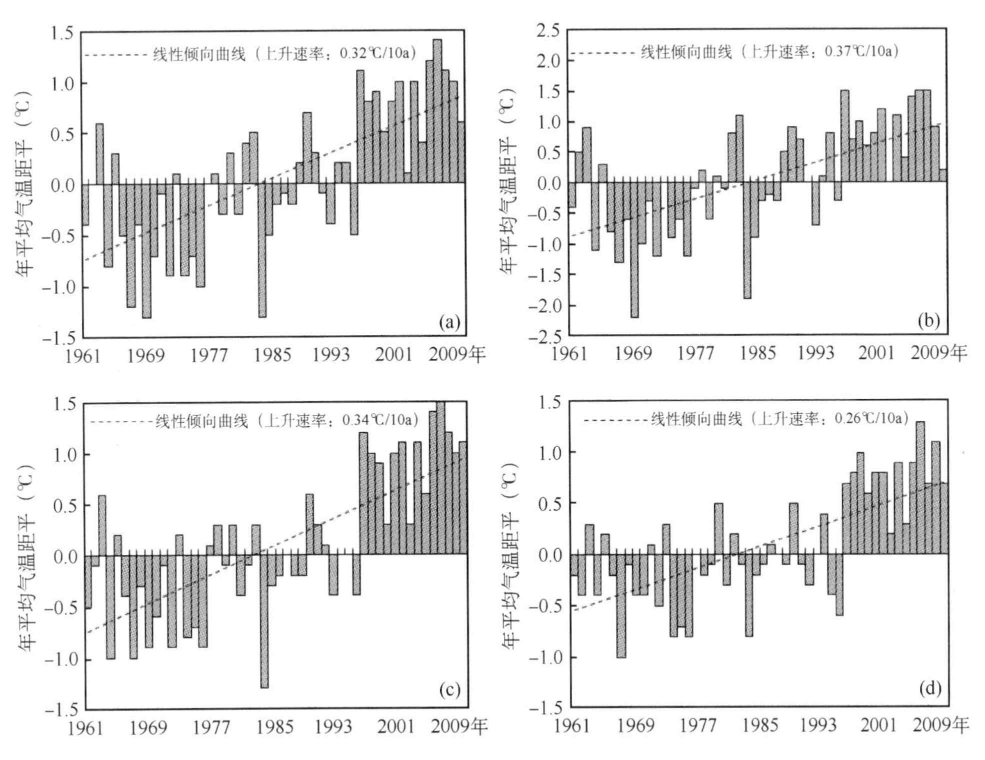

图2.1 新疆区域及各分区1961—2010年年平均气温距平变化趋势

(a)新疆；(b)北疆；(c)天山山区；(d)南疆

向北增加，北疆东部和天山山区东部气温上升最为明显，升温速率为 0.6～0.8℃/10a，北疆北部和西部、天山山区及其两侧升温速率主要在 0.4～0.6℃/10a，北疆沿天山一带、南疆大部分地区小于 0.4℃/10a。富蕴升温趋势最明显，升温速率为 0.72℃/10a；巴里坤次之，为 0.68℃/10a。可见，单站年平均气温的升温趋势远远大于降温趋势（见图 2.2）。

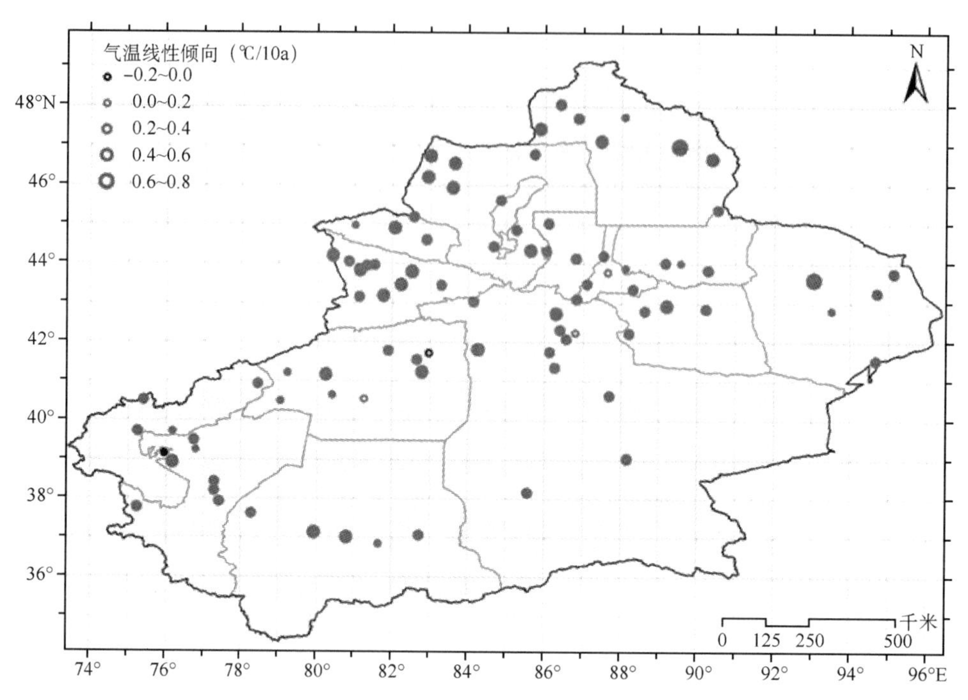

图 2.2 新疆区域 1961—2010 年年平均气温变化趋势的空间分布

（实心圆圈表示通过 0.05 显著性检验，空心圆圈表示未通过 0.05 显著性检验）

表 2.1 新疆区域及各分区 1961—2010 年年和四季平均气温的变化趋势系数(℃/10a)

区域	全年	春季	夏季	秋季	冬季
新疆	0.32 *	0.24 *	0.19 *	0.38 *	0.45 *
北疆	0.37 *	0.25	0.22 *	0.47 *	0.50 *
天山山区	0.34 *	0.22 *	0.28 *	0.44 *	0.40 *
南疆	0.26 *	0.21 *	0.14 *	0.26 *	0.41 *

注：带有 * 的表示通过 0.05 的显著性检验

从季节变化看，近 50 年新疆区域春、夏、秋、冬四季平均气温均呈显著上升趋势，冬、秋季升温速率大于年平均气温升温速率，春、夏季升温速率小于年平均气温，其中冬季升温趋势最明显，升温速率达 0.45℃/10a；秋季次之，升温速率为 0.38℃/10a；再者春季，升温速率为 0.24℃/10a；夏季最弱，升温速率为 0.19℃/10a。北疆、天山山区、南疆各分区四季平均气温变化趋势与新疆区域一致，均呈上升趋势，北疆和南疆冬季升温趋势最明显，升温速率分别为 0.50℃/10a 和 0.41℃/10a，夏季升温趋势最弱，升温速率分别为 0.22℃/10a 和 0.14℃/10a，天山山区则是秋季升温趋势最明显，升温速率为 0.44℃/10a，春季升温趋势最弱，升温速率为 0.22℃/10a；仅北疆春季平均气温呈不显著上升趋势，其他区域其他季节均呈显著上升趋势（见表 2.1）。

2.1.2 平均最高气温

新疆区域及北疆、天山山区、南疆各分区 1971—2000 年年平均最高气温分别为 22.0℃、21.2℃、17.2℃、24.6℃。1961—2010 年，新疆区域年平均最高气温呈显著上升趋势，升温速率为 0.25℃/10a，低于年平均气温的升温速率（0.32℃/10a）。北疆、天山山区、南疆各分区年平均最高气温变化趋势与新疆区域一致，均呈显著上升趋势，升温速率分别为 0.26℃/10a、0.19℃/10a、0.27℃/10a（见表 2.2）。

从地域分布看，近 50 年新疆区域各地年平均最高气温呈现一致的升温趋势。北疆北部、南疆西部、塔里木盆地东南部部分地区升温速率大于0.4℃/10a,其他绝大部分地方升温速率小于0.4℃/10a。且末升温趋势最明显,升温速率为0.48℃/10a;英吉沙次之,为0.46℃/10a(见图2.3)。

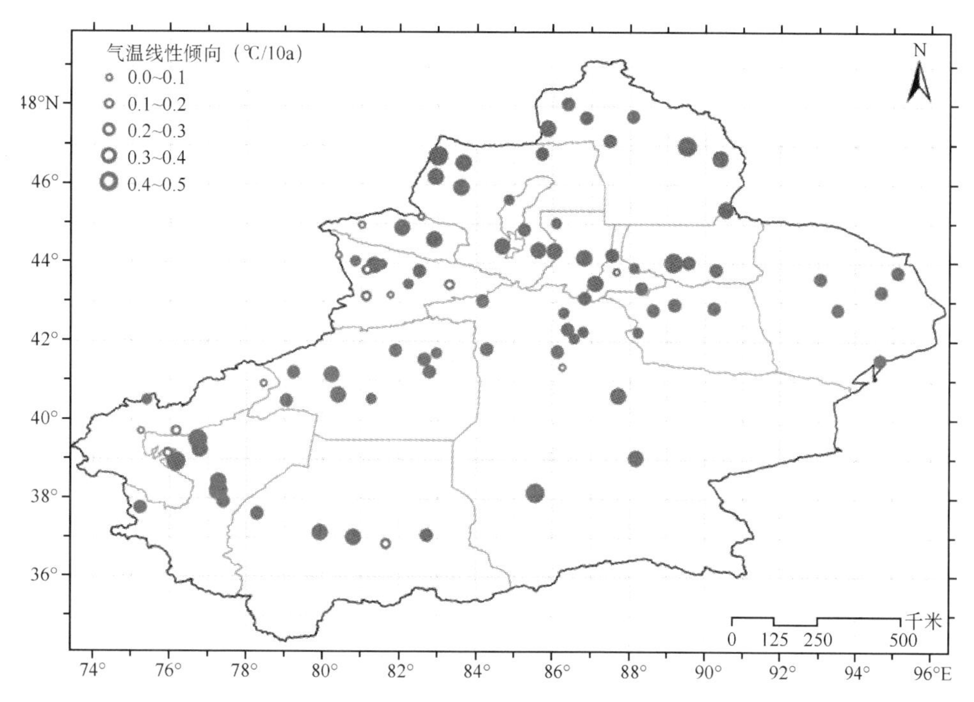

图2.3　新疆区域1961—2010年年平均最高气温变化趋势的空间分布
(实心圆圈表示通过0.05显著性检验)

表2.2　新疆区域及各分区年和四季平均最高气温的变化趋势系数(℃/10a)

区域	全年	春季	夏季	秋季	冬季
新疆	0.25 *	0.25 *	0.09	0.42 *	0.22
北疆	0.26 *	0.31	0.10	0.40 *	0.16
天山山区	0.19 *	0.20	0.05	0.34 *	0.14
南疆	0.27 *	0.22 *	0.09	0.47 *	0.31 *

注:带有 * 的表示通过0.05的显著性检验

从季节变化看,近50年新疆区域春、夏、秋、冬四季平均最高气温均呈上升趋势,其中秋季升温速率最大,为0.42℃/10a,春季和秋季上升趋势显著,夏季和冬季上升趋势不显著;春季和冬季相当,升温速率分别为0.25℃/10a、0.22℃/10a;夏季升温速率最小,为0.09℃/10a。北疆、天山山区、南疆各分区各季节平均最高气温变化趋势与新疆区域一致,均呈上升趋势,秋季上升速率最大,夏季上升速率最小;北疆和天山山区秋季上升趋势显著,其他三个季节上升趋势不显著;南疆春、秋、冬三个季节上升趋势显著,仅夏季上升趋势不显著(见表2.2)。

2.1.3　平均最低气温

新疆区域及北疆、天山山区、南疆各分区1971—2000年年平均最低气温分别为−5.4℃、−7.4℃、−10.0℃、−1.8℃。1961—2010年,新疆区域年平均最低气温呈显著上升趋势,升温速率为0.54℃/10a,远远高于年平均气温(0.32℃/10a)的升温速率,是年平均最高气温(0.25℃/10a)的2倍,对年平均气温上升趋势的贡献较大,同时也表明日较差在减小。北疆、天山山区、南疆各分区年平均最低气温变化趋势与新疆区域一致,均呈显著上升趋势,升温速率分别为0.61℃/10a、0.56℃/10a、0.45℃/10a(见表2.3)。

从地域分布看,近50年新疆年平均最低气温的空间分布地区差异较小,仅南疆的库车、阿克陶呈下降趋势,降温速率分别为0.12℃/10a、0.02℃/10a;全疆其他地区均呈上升趋势,升温速率多在0.3℃/10a以上,北疆北部、西部和天山山区的个别地方在0.9℃/10a以上。托里和霍尔果斯升温趋势最明显，升温速率为1.13℃/10a，巴里坤次之，为1.06℃/10a。可见，单站年平均最低气温的升温趋势远远大于降温趋势，而且各站同样也是最低气温的线性趋势普遍高于最高气温(见图2.4)。

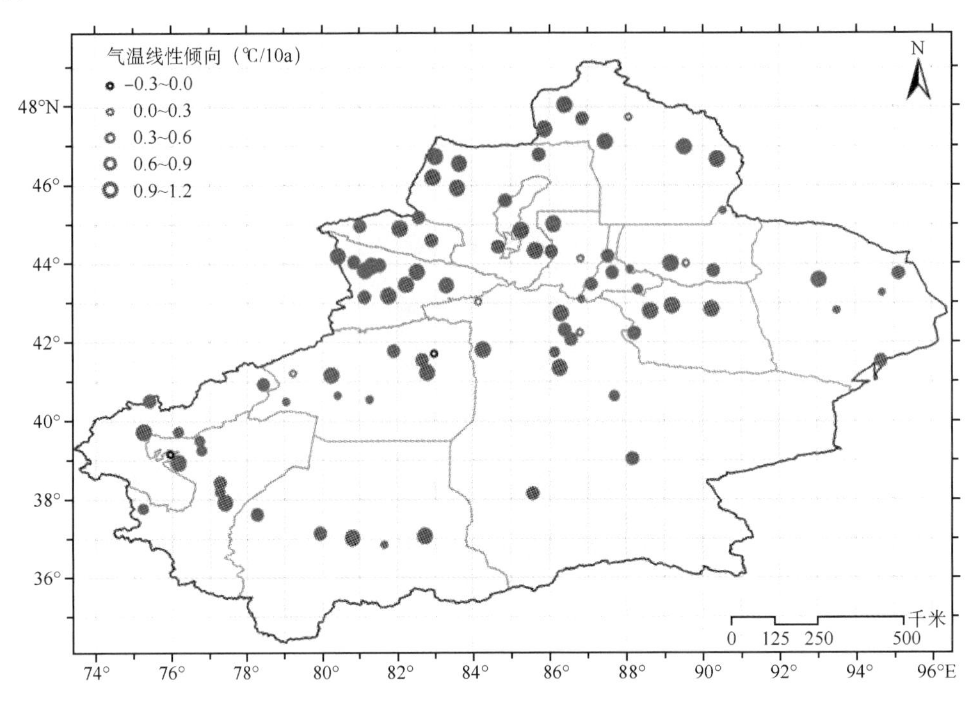

图2.4 新疆区域1961—2010年年平均最低气温变化趋势的空间分布
(实心圆圈表示通过0.05显著性检验)

从季节变化看，近50年新疆春、夏、秋、冬四季平均最低气温均呈显著上升趋势，冬季升温速率最大，为0.67℃/10a；秋季次之，为0.59℃/10a；再次夏季，为0.48℃/10a；春季最小，为0.37℃/10a。北疆、天山山区、南疆各分区各季节平均最低气温变化趋势与新疆区域一致，均呈显著上升趋势；总体上春、夏、秋、冬升温速率依次增大(天山山区除外)，其中北疆和南疆冬季上升速率最大，分别为0.79℃/10a、0.55℃/10a；天山山区秋季上升速率最大，为0.69℃/10a(见表2.3)。

表2.3 新疆区域及各分区年和四季平均最低气温的变化趋势系数(℃/10a)

区域	全年	春季	夏季	秋季	冬季
新疆	0.54*	0.37*	0.48*	0.59*	0.67*
北疆	0.61*	0.43*	0.53*	0.67*	0.79*
天山山区	0.56*	0.35*	0.54*	0.69*	0.65*
南疆	0.45*	0.31*	0.40*	0.48*	0.55*

注：带有*的表示通过0.05的显著性检验

2.2 降水变化

2.2.1 降水量

新疆区域及北疆、天山山区、南疆各分区1971—2000年年平均降水量分别为158.1 mm、192.1 mm、337.1 mm、59.1 mm。1961—2010年，新疆区域年降水量呈显著增加趋势，增加速率为6.51%/10a；1986年以前降水量以偏少为主，1987年以后相反，以偏多为主，降水量明显增多；2001—2010年代比1961—1970年代年平均降水量增加了37.9 mm，增幅为26%。北疆、天山山区、南疆各分区年降水量变化趋势与新疆区域一致，均呈显著增加趋势，增加速率分别为6.80%/10a、4.61%/10a、9.48%/10a，2001—2010年代比1961—1970年代分别增加了45.7 mm、53.8 mm、24.0 mm，增幅分别为26%、

17%、52%(见图 2.5)。

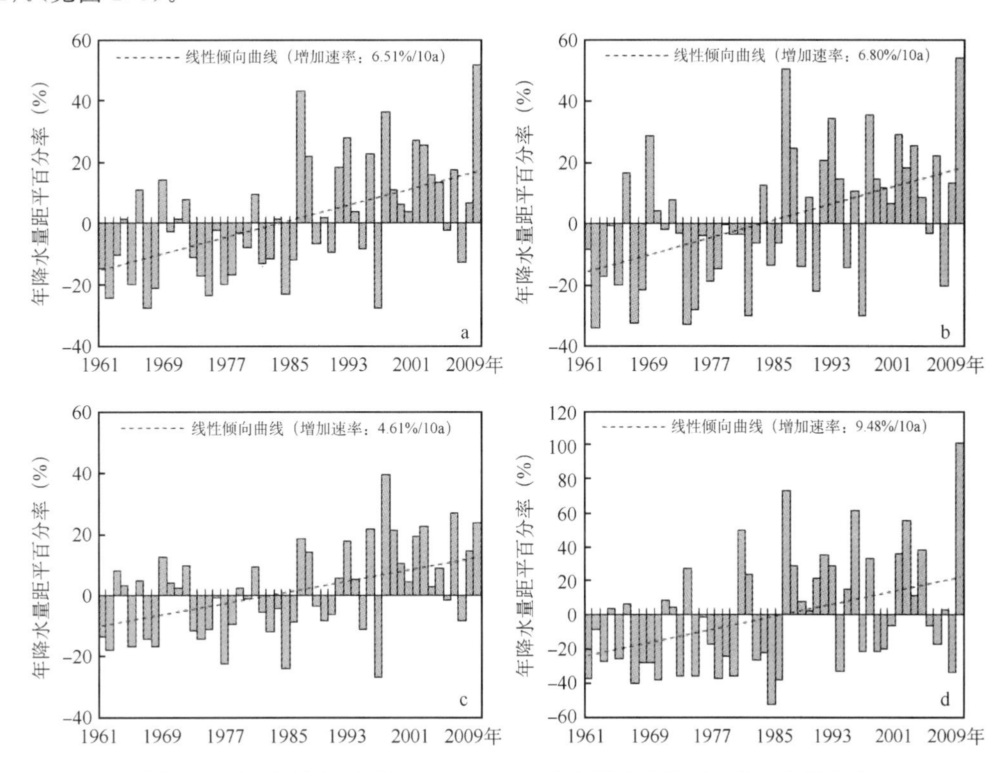

图 2.5 新疆区域及各分区 1961—2010 年年降水量距平百分率变化趋势

(a)新疆;(b)北疆;(c)天山山区;(d)南疆

从地域分布看,近 50 年新疆区域年降水量的空间分布地区差异较小,仅南疆塔里木盆地以东的铁干里克、鄯善呈减少趋势,减少速率分别为 0.25 mm/10a、0.11 mm/10a;全疆其他地区均呈增加趋势,北疆和天山山区增加趋势大于南疆,南疆西部大于南疆偏东地区,其中天山山区增加趋势最明显,增加速率在 20～40 mm/10a,北疆大部分地区和南疆塔里木盆地北缘增加速率在 10～20 mm/10a,南疆偏东地区在 10 mm/10a 以下。乌鲁木齐增多趋势最明显,增多速率为 30.43 mm/10a,新源次之,为 28.35 mm/10a。可见,单站年降水量的增加趋势远远大于减少趋势(见图 2.6)。

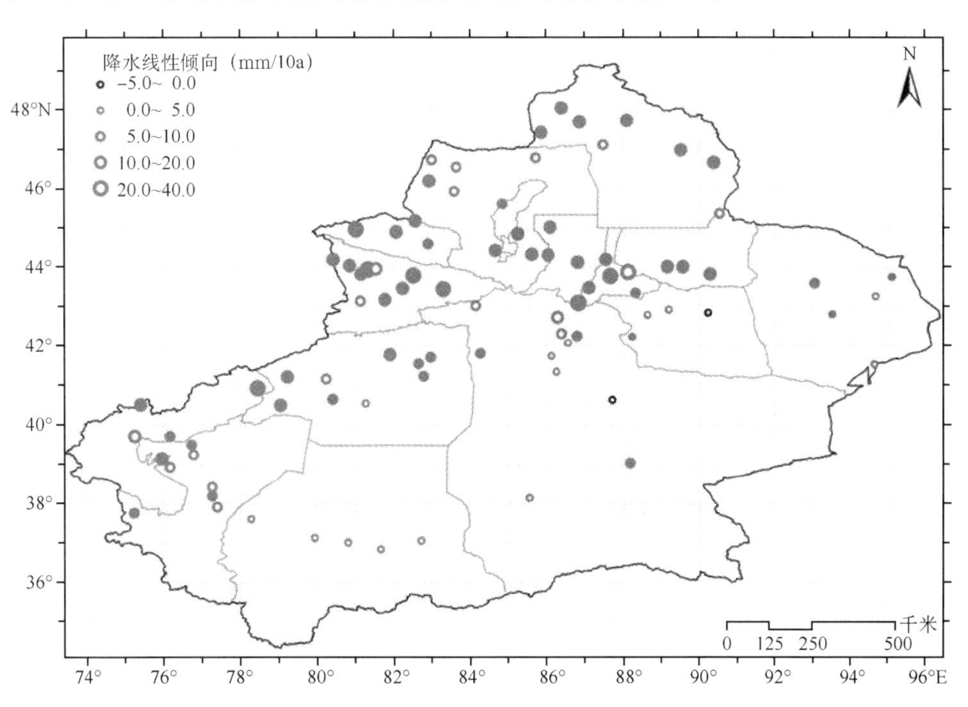

图 2.6 新疆区域 1961—2010 年年降水量变化趋势的空间分布

(实心圆圈表示通过 0.05 显著性检验)

表 2.4　新疆区域及各分区年和四季降水量的变化趋势系数(mm/10a)

区域	全年	春季	夏季	秋季	冬季
新疆	10.29 *	2.21 *	3.51 *	1.95 *	2.58 *
北疆	13.06 *	2.87	3.31 *	2.25	4.53 *
天山山区	15.56 *	4.08 *	6.40 *	2.58 *	2.62 *
南疆	5.60 *	0.88	2.64 *	1.44 *	0.64

注:带有 * 的表示通过 0.05 的显著性检验

从季节变化看,近 50 年新疆区域春、夏、秋、冬各季节降水量呈现一致的显著增加趋势,其中,夏季降水量增加趋势最明显,增加速率为 3.51 mm/10a;冬季和春季相当,分别为 2.58 mm/10a、2.21 mm/10a;秋季最弱,为 1.95 mm/10a。北疆、天山山区、南疆各分区各季节降水量变化趋势与新疆区域一致,均呈增加趋势,北疆冬季增加速率最大,为 4.53 mm/10a,秋季最小,为 2.25 mm/10a;天山山区和南疆夏季增加速率最大,分别为 6.40 mm/10a、2.64 mm/10a,天山山区秋季最小,为 2.58 mm/10a,南疆冬季最小,为 0.64 mm/10a;北疆夏季和冬季增加趋势显著,春季和秋季增加趋势不显著;天山山区四季均呈显著上升趋势;南疆夏季和秋季增加趋势显著,春季和冬季增加趋势不显著(见表 2.4)。

2.2.2　降水日数

新疆区域及北疆、天山山区、南疆各分区 1971—2000 年年降水日数(24 h 降水量≥0.1 mm)分别为 60.8 d、81.0 d、98.9 d、27.1 d。1961—2010 年,新疆区域及北疆、天山山区、南疆各分区年降水日数均呈显著增加趋势,增加速率分别为 1.93 d/10a、2.54 d/10a、1.72 d/10a、1.42 d/10a。

从地域分布看,近 50 年新疆区域年降水日数变化趋势的空间分布地区差异较小,仅北疆偏西地区的额敏、伊宁市和南疆偏东地区的焉耆、鄯善呈减少趋势,减少速率在 2 d/10a 以内;全疆其他地区均呈增加趋势,北疆西部的博州地区降水日数增加最明显,增加速率在 6～8 d/10a,北疆北部、天山两侧增加速率在 2～6 d/10a,天山山区和南疆南部增加速率在 2 d/10a 以下,南疆大部分区域变化趋势不明显。阿拉山口增加趋势最明显,增加速率为 7.12 d/10a,精河次之,为 6.85 d/10a,均位于北疆西部;焉耆减少趋势最明显,减少速率为 1.21 d/10a,额敏次之,为 0.29 d/10a。可见,单站年降水日数的增加趋势远远大于减少趋势(见图 2.7)。

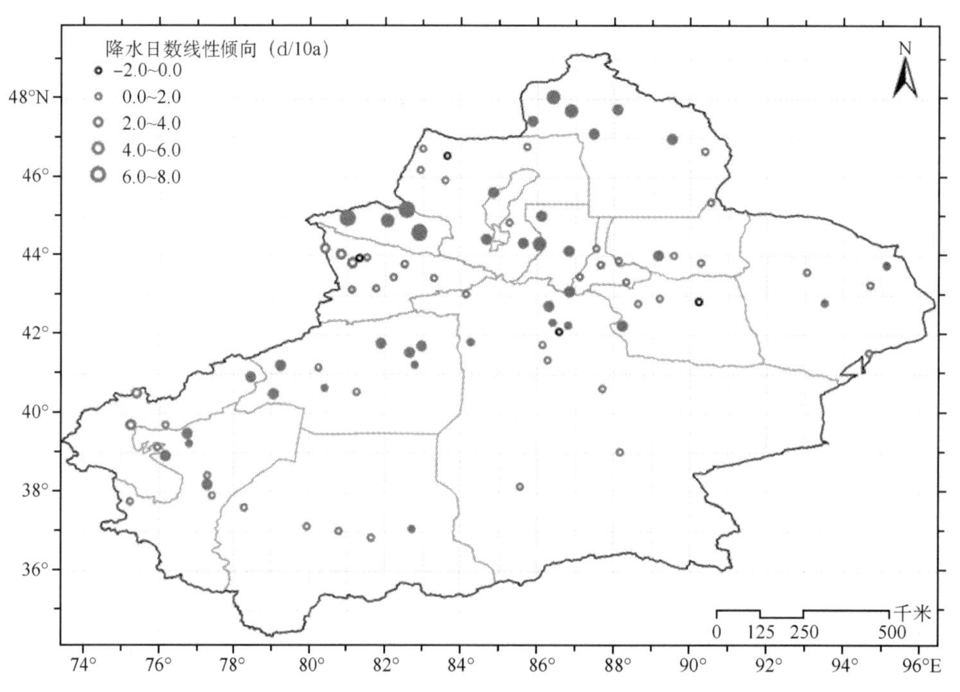

图 2.7　新疆区域 1961—2010 年年降水日数(24 小时降水量≥0.1 mm)变化趋势的空间分布
(实心圆圈表示通过 0.05 显著性检验)

2.3 水汽压变化

新疆区域及北疆、天山山区、南疆各分区1971—2000年年平均水汽压分别为6.4 hPa、6.5 hPa、5.0 hPa、6.6 hPa。1961—2010年，新疆区域及北疆、天山山区、南疆各分区年平均水汽压均呈显著增大趋势，增大速率分别为0.16 hPa/10a、0.16 hPa/10a、0.01 hPa/10a、0.16 hPa/10a；1980年代后期开始明显增大(见表2.5)。

从地域分布看，近50年新疆区域年平均水汽压的空间分布地区差异较小，仅南疆塔里木盆地北缘的新和、轮台及东疆吐鲁番呈减小趋势，减小速率在0.06 hPa/10a以内；全疆其他大部分地区呈增大趋势，增大速率普遍小于0.3 hPa/10a，而塔里木盆地北缘部分地区和吐鲁番个别地区增大速率大于0.3 hPa/10a。南疆阿克陶增大趋势最明显，增大速率为0.48 hPa/10a；库车和尉犁次之，增大速率均为0.38 hPa/10a；轮台减小趋势最明显，减小速率为0.06 hPa/10a，新和次之，减小速率为0.02 hPa/10a。可见，单站年水汽压的增大趋势远远大于减小趋势(见图2.8)。

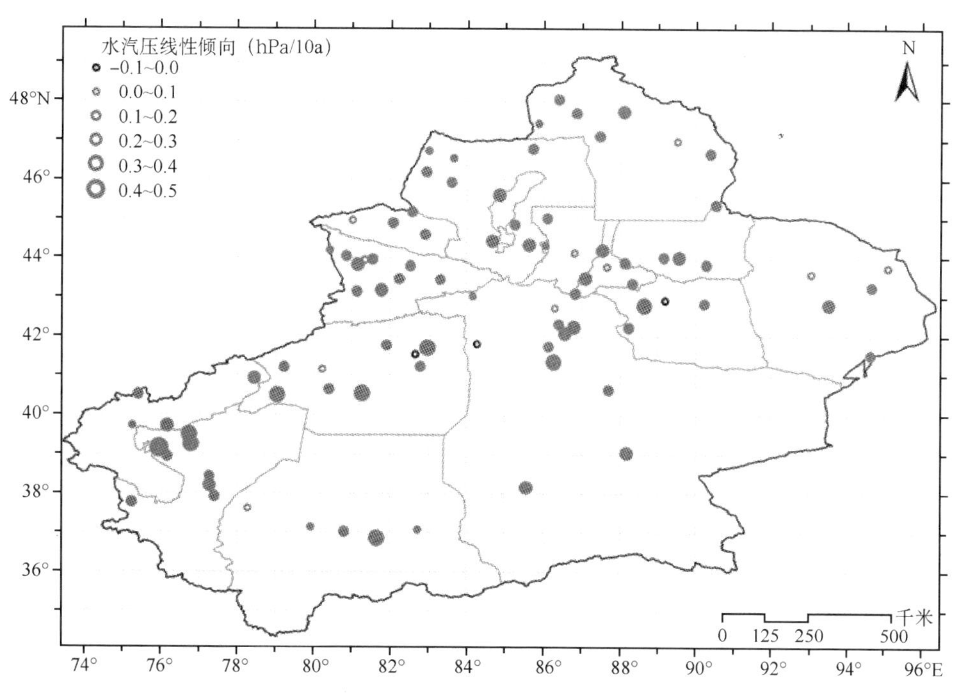

图2.8 新疆区域1961—2010年年平均水汽压变化趋势的空间分布
(实心圆圈表示通过0.05显著性检验)

从季节分布看，近50年新疆区域及北疆、天山山区、南疆各分区春、夏、秋、冬四季平均水汽压均呈增大趋势，夏季平均水汽压增大趋势最明显，增大速率分别为0.26 hPa/10a、0.29 hPa/10a、0.26 hPa/10a、0.27 hPa/10a，其次为秋季，第三为冬季，春季增大趋势最弱；夏、秋季增大速率大于年平均水汽压增大速率，冬、春季增大速率小于年平均水汽压增大速率。新疆区域四季平均水汽压均呈显著增大趋势，北疆、天山山区、南疆各分区春季平均水汽压增大均不显著，其他三季增大均显著(见表2.5)。

表2.5 新疆区域及各分区年和四季平均水汽压的变化趋势系数(hPa/10a)

区域	全年	春季	夏季	秋季	冬季
新疆	0.16 *	0.08 *	0.26 *	0.21 *	0.09 *
北疆	0.16 *	0.07	0.29 *	0.18 *	0.07 *
天山山区	0.10 *	0.05	0.26 *	0.18 *	0.08 *
南疆	0.16 *	0.05	0.27 *	0.20 *	0.09 *

注：带有 * 的表示通过0.05的显著性检验

2.4 近地面平均风速变化

新疆区域及北疆、天山山区、南疆各分区1971—2000年近地面年平均风速分别为2.2 m/s、2.6 m/s、2.5 m/s、1.8 m/s。1961—2010年，新疆区域及北疆、天山山区、南疆各分区近地面年平均风速均呈显著减小趋势，减小速率分别为0.19(m/s)/10a、0.22(m/s)/10a、0.08(m/s)/10a、0.20(m/s)/10a(见表2.6)。

从地域分布看，近50年新疆区域近地面年平均风速的空间分布地区差异较小，仅位于山区的北塔山、天池、巴音布鲁克、乌恰呈增大趋势，增大速率在0.2(m/s)/10a以内；全疆其他地区均呈减小趋势，其中北疆北部的布尔津和吉木乃、南疆西部的叶城、东部的哈密减小速率在0.4～0.6(m/s)/10a之间，北疆大部分地区和天山两侧在0.2～0.4(m/s)/10a之间，南疆南部和东部在0.2(m/s)/10a以内。泽普减小趋势最明显，减小速率为0.51(m/s)/10a，布尔津次之，为0.47(m/s)/10a；乌恰增大趋势最明显，增大速率为0.14(m/s)/10a，巴音布鲁克次之，为0.10(m/s)/10a。可见，单站近地面年平均风速的减小趋势大于增大趋势(见图2.9)。

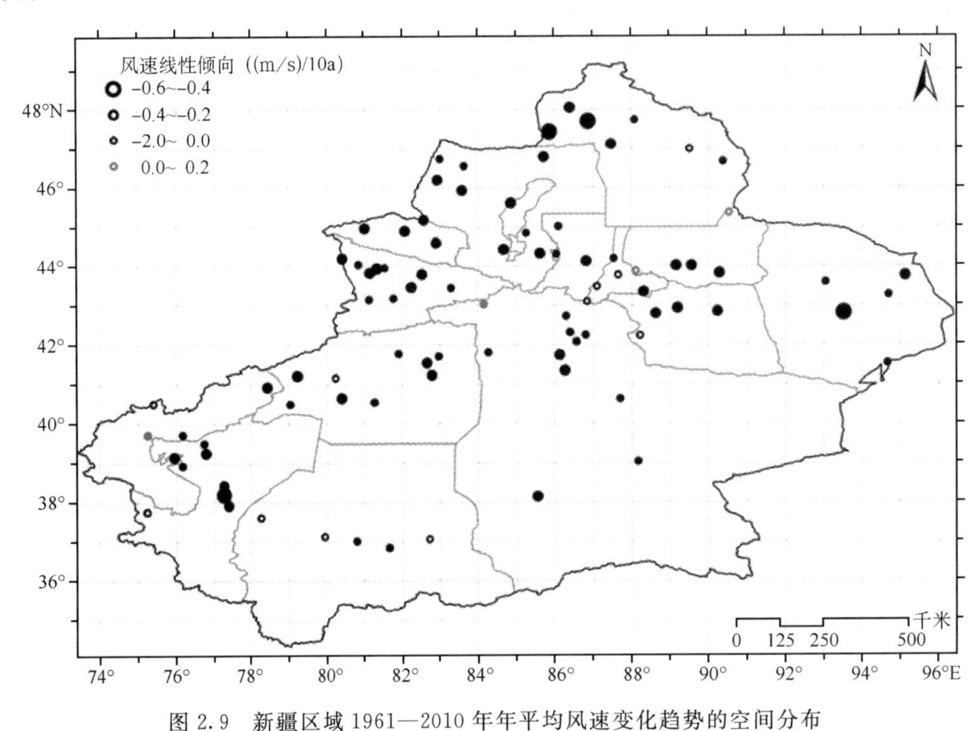

图2.9 新疆区域1961—2010年年平均风速变化趋势的空间分布

(实心圆圈表示通过0.05显著性检验)

表2.6 新疆区域及各分区年和四季平均风速的变化趋势系数((m/s)/10a)

区域	全年	春季	夏季	秋季	冬季
新疆	−0.19*	−0.22*	−0.22*	−0.18*	−0.13*
北疆	−0.22*	−0.24*	−0.26*	−0.23*	−0.16*
天山山区	−0.08*	−0.08*	−0.07*	−0.09*	−0.07*
南疆	−0.20*	−0.25*	−0.24*	−0.17*	−0.12*

注：带有*的表示通过0.05的显著性检验

从季节分布看，近50年新疆区域春、夏、秋、冬四季近地面平均风速均呈显著减小趋势，春、夏季减小趋势相对较明显，减小速率均为0.22(m/s)/10a，大于年平均风速减小速率；秋季次之，减小速率为0.18(m/s)/10a；冬季最弱，减小速率为0.13(m/s)/10a，秋、冬季减小速率小于年平均风速减小速率。北疆、天山山区、南疆各分区各季节平均风速变化趋势与新疆区域一致，均呈显著减小趋势，北疆夏季减小速率最大，为0.26(m/s)/10a，天山山区秋季减小速率最大，为0.09(m/s)/10a，南疆春季减小速率最大，为0.25(m/s)/10a；各分区各季节均表现为冬季减小速率最小，分别为0.13(m/s)/10a、0.16(m/s)/10a、0.07(m/s)/10a、0.12(m/s)/10a(见表2.6)。

2.5 日照时数变化

新疆区域及北疆、天山山区、南疆各分区1971—2000年年平均日照时数分别为2861 h、2879 h、2766 h、2879 h。1961—2010年,新疆区域及北疆、天山山区、南疆各分区年日照时数均呈显著减少趋势,减少速率分别为21.79 h/10a、20.52 h/10a、44.26 h/10a、14.73 h/10a;1980年代中期以前变化趋势不明显,此后明显减少(见表2.7)。

从地域分布看,近50年新疆区域年日照时数的空间分布具有地区差异性,北疆准噶尔盆地周边及南疆塔里木盆地西南部和哈密地区呈增多趋势,增多速率主要在40 h/10a以内,其中个别地区在40~120 h/10a;全疆其他大部分地区呈减少趋势,北疆西部和天山山区两侧减少速率在80~120 h/10a之间。巴仑台减少趋势最明显,减少速率为154.57 h/10a,小渠子次之,为130.80 h/10a;莫索湾增多趋势最明显,增多速率为100.66 h/10a,皮山次之,为85.22 h/10a。可见,单站年日照时数的减少趋势大于增多趋势(见图2.10)。

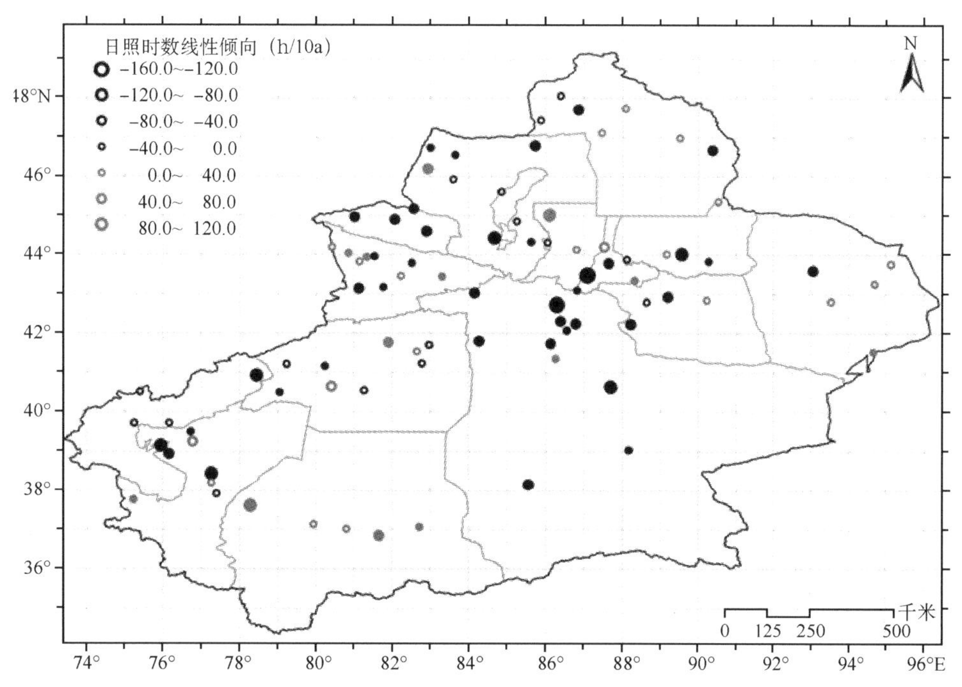

图2.10 新疆区域1961—2010年年日照时数变化趋势的空间分布

(实心圆圈表示通过0.05显著性检验)

从季节分布看,近50年新疆区域春季日照时数呈微弱增多趋势,增多速率为3.24 h/10a;其他季节均呈减少趋势,减少速率分别为15.18 h/10a、6.01 h/10a、4.36 h/10a,其中冬季和秋季减少趋势显著,夏季减少趋势不显著。北疆、南疆和新疆区域一致,春季日照时数呈微弱增多趋势,其他三季呈减少趋势,其中冬季减少趋势显著,减少速率分别为18.55 h/10a、11.70 h/10a、−15.18 h/10a,夏季和秋季减少趋势不显著;而天山山区四季均呈减少趋势,春季减少趋势不显著,其他三季减少趋势均不显著,其中冬季减少趋势也最明显,减少速率为15.47 h/10a(见表2.7)。

表2.7 新疆区域及各分区年和四季日照时数的变化趋势系数(h/10a)

区域	全年	春季	夏季	秋季	冬季
新疆	−21.79 *	3.24	−4.36	−6.01 *	−15.18 *
北疆	−20.52 *	3.25	−2.36	−4.87	−18.55 *
天山山区	−44.26 *	−4.90	−12.81 *	−11.30 *	−15.47 *
南疆	−14.73 *	6.11	−3.32	−4.95	−11.70 *

注:带有 * 的表示通过0.05的显著性检验

第3章 极端天气气候事件及天气现象变化事实

在气候变暖背景下，近50年(1961—2010年)，新疆区域极端天气气候事件及天气现象频率和强度出现了明显变化。新疆区域及北疆、天山山区、南疆各分区极端最高气温呈上升趋势，暖昼事件和暖夜事件呈显著增加趋势，年高于35℃高温日数呈增加趋势；极端最低气温呈显著上升趋势，冷昼事件和冷夜事件总体呈显著减少趋势，年低于－20℃低温日数呈减少趋势；日最大降水量呈显著增加趋势，极端降水事件呈显著增加趋势，最长连续降水日数呈增加趋势，最长连续无降水日数呈减少趋势；年暴雨日数和年暴雪日数显著增加，年暴雨量和年暴雪量呈增加趋势；年大风日数、年沙尘暴日数和年扬沙日数均显著减少，年浮尘日数呈减少趋势；年冰雹日数和年雷暴日数呈显著减少趋势，年雾日数呈增加趋势。上述各种要素变化趋势空间分布存在一定地区差异，但总体上差异较小，全疆大部分地区变化趋势一致。

3.1 极端天气气候事件变化

3.1.1 极端高温

3.1.1.1 极端最高气温

新疆区域及北疆、天山山区、南疆各分区1971—2000年年平均极端最高气温分别为36.4℃、37.2℃、29.4℃、38.3℃。1961—2010年，新疆区域及北疆、天山山区、南疆各分区平均极端最高气温均呈微弱上升趋势，升温速率分别为0.09℃/10a、0.09℃/10a、0.04℃/10a、0.09℃/10a。

从地域分布看，近50年新疆区域极端最高气温变化趋势的空间分布具有地区差异性，北疆西部、北疆沿天山一带、塔里木盆地北缘呈下降趋势，降温速率在0.6℃/10a以内；全疆其他大部分地方呈上升趋势，升温速率主要在0.6℃/10a以内，其中北疆北部阿勒泰地区东部升温速率在0.6～0.9℃/10a。青河升温趋势最明显，升温速率为0.70℃/10a，富蕴次之，为0.65℃/10a；乌鲁木齐降温趋势最明显，降温速率为0.60℃/10a，温泉次之，为0.39℃/10a。可见，单站极端最高气温的升温趋势大于降温趋势(见图3.1)。

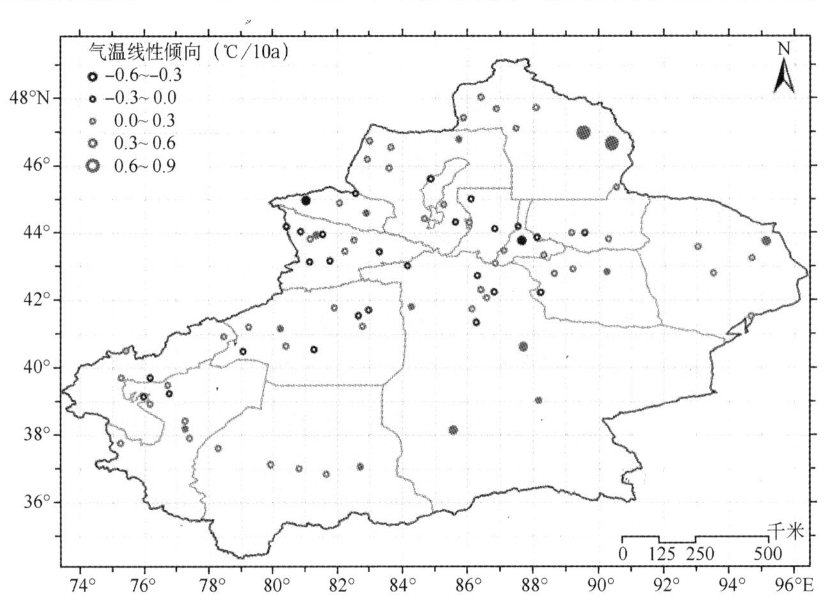

图3.1 新疆区域1961—2010年极端最高气温变化趋势的空间分布

(实心圆圈表示通过0.05显著性检验)

3.1.1.2 暖昼、暖夜事件

新疆区域及北疆、天山山区、南疆各分区 1971—2000 年年平均暖昼事件分别为 25.8 d、26.2 d、25.9 d、25.5 d。1961—2010 年，新疆区域暖昼事件呈显著增加趋势，增加速率为 3.58 d/10a；暖昼事件出现的最少年为 1967 年，最多年为 1997 年；暖昼日数最多的年代为 2001—2010 年代，1961—1970 年代和 1971—1980 年代基本持平，1981—1990 年代较前期减少 1.4 d，1991—2000 年代较 1981—1990 年代增加了 6.2 d，2001—2010 年代比 1991—2000 年代增加了 10.4 d。北疆、天山山区、南疆各分区暖昼事件变化趋势与新疆区域一致，均呈现显著增加趋势，增加速率分别为 2.63 d/10a、3.05 d/10a、4.68 d/10a（见图 3.2）。

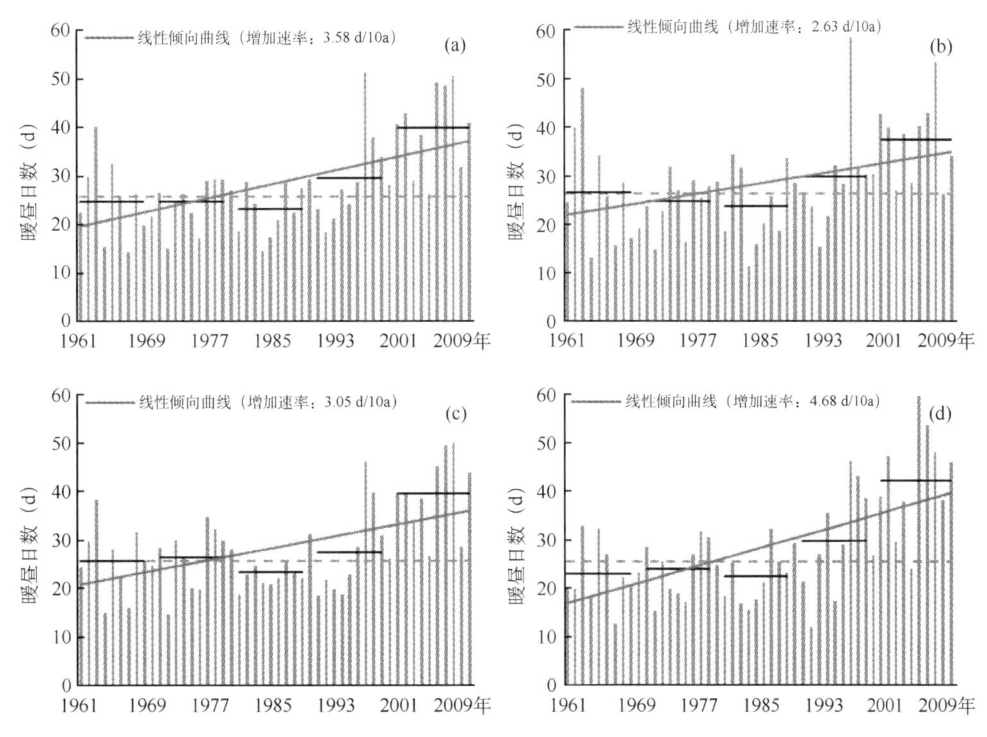

图 3.2 新疆区域及各分区 1961—2010 年暖昼事件变化趋势

(a)新疆；(b)北疆；(c)天山山区；(d)南疆

新疆区域及北疆、天山山区、南疆各分区 1971—2000 年年平均暖夜事件分别为 25.2 d、26.2 d、25.9 d、25.5 d。1961—2010 年，新疆区域暖夜事件呈显著增加趋势，增加速率为 6.75 d/10a；暖夜事件出现的最少年为 1967 年，最多年为 2008 年；年代际变率也在增加，1971—1980 年代、1981—1990 年代、1991—2000 年代、2001—2010 年代分别比上一年代暖夜事件增加了 2.0 d、2.2 d、8.0 d、16.1 d，近 10 年的暖夜事件明显增加。北疆、天山山区、南疆各分区暖夜事件变化趋势与新疆区域一致，均呈现显著增加趋势，增加速率分别为 6.68 d/10a、8.11 d/10a、6.32 d/10a（见图 3.3）。

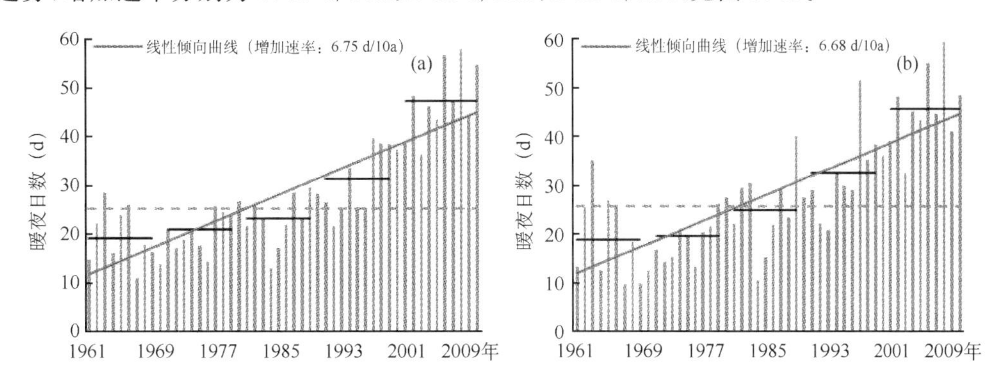

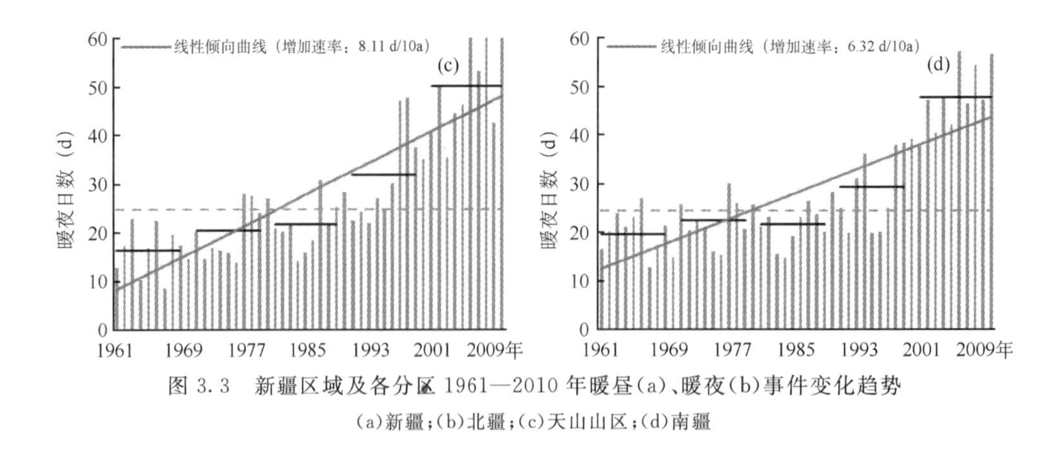

图 3.3　新疆区域及各分区 1961—2010 年暖昼(a)、暖夜(b)事件变化趋势

(a)新疆；(b)北疆；(c)天山山区；(d)南疆

3.1.2　极端低温

3.1.2.1　极端最低气温

新疆区域及北疆、天山山区、南疆各分区 1971—2000 年年平均极端最低气温分别为－24.5℃、－29.2℃、－27.1℃、－18.9℃。1961—2010 年，新疆区域及北疆、天山山区、南疆各分区平均极端最低气温均呈显著上升趋势，升温速率分别为 0.75℃/10a、0.87℃/10a、0.66℃/10a、0.65℃/10a。

从地域分布看，近 50 年，新疆区域极端最低气温变化趋势的空间分布地区差异较小，仅北塔山、呼图壁、大西沟、塔什库尔干呈下降趋势，降温速率均小于 0.3℃/10a；全疆其他绝大部分地方呈上升趋势，大部分区域升温速率大于 0.4℃/10a，北疆东部、塔额盆地、伊犁河谷、北疆沿天山一带、南疆西部山区升温速率在 1.2～2.4℃/10a。霍尔果斯升温趋势最明显，升温速率达 2.11℃/10a，察布查尔次之，为 1.77℃/10a；塔什库尔干降温趋势最明显，降温速率为 0.26℃/10a。可见，单站极端最低气温的升温趋势远远大于降温趋势，而且呈上升趋势的范围远远大于极端最高气温，升温速率也远远大于极端最高气温(见图 3.4)。

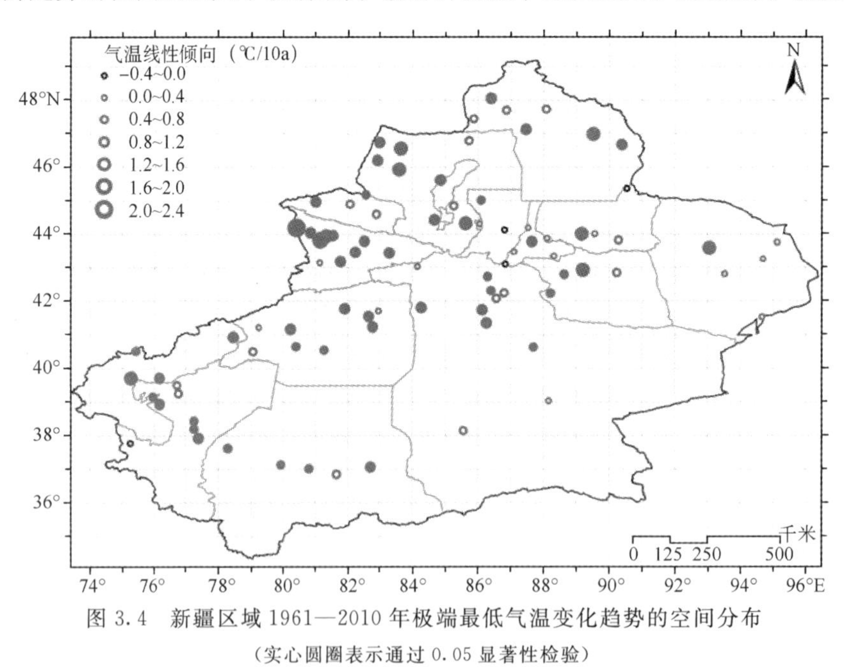

图 3.4　新疆区域 1961—2010 年极端最低气温变化趋势的空间分布

(实心圆圈表示通过 0.05 显著性检验)

3.1.2.2　冷昼、冷夜事件

新疆区域及北疆、天山山区、南疆各分区 1971—2000 年年平均冷昼事件分别为 29.7 d、29.2 d、30.0 d、30.1 d。1961—2010 年，新疆区域冷昼事件呈显著减少趋势，减少速率为 2.09 d/10a；冷昼事件出现的最少年为 1990 年，最多年为 1969 年；冷昼日数最多的年代为 1971—1980 年代，比 1961—1970 年代多 1.8 d，1980 年代、1990 年代、2000 年代冷昼事件分别比上一年代减少 3.0 d、3.5 d、3.0 d。北疆、天山山区、南疆各分区冷昼事件变化趋势与新疆区域一致，均呈现减少趋势，减少速率分别为

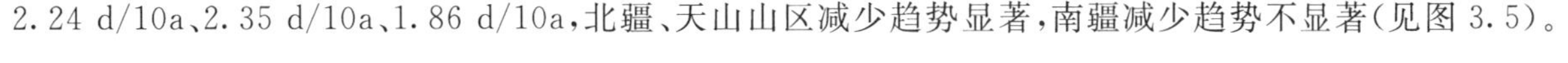

2.24 d/10a、2.35 d/10a、1.86 d/10a，北疆、天山山区减少趋势显著，南疆减少趋势不显著(见图 3.5)。

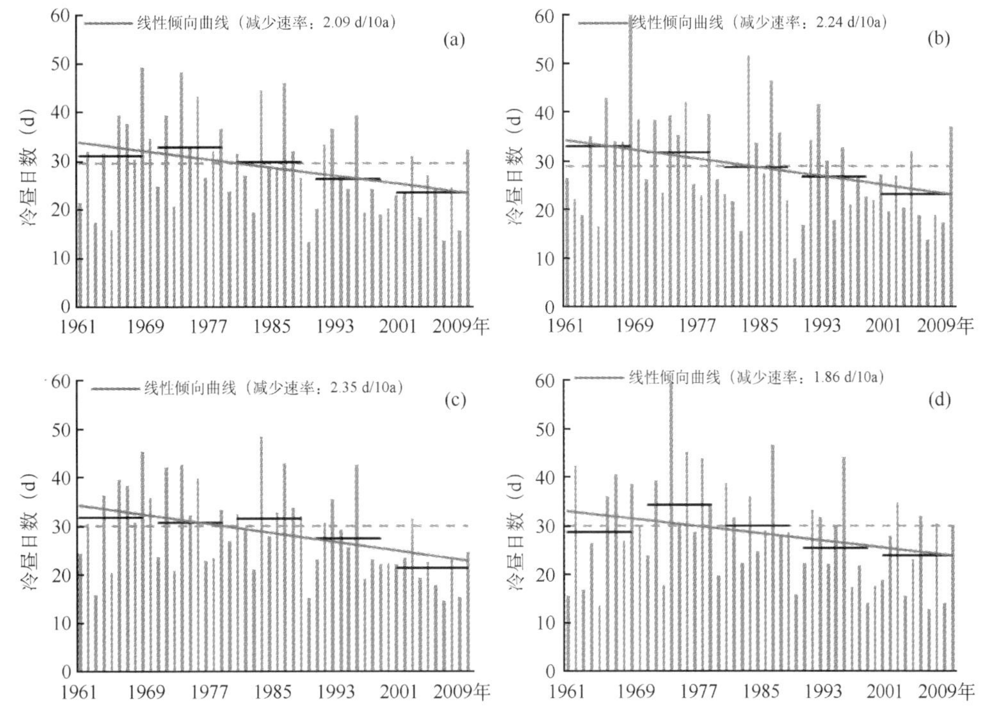

图 3.5　新疆区域及各分区 1961—2010 年冷昼事件变化趋势

(a)新疆；(b)北疆；(c)天山山区；(d)南疆

新疆区域及北疆、天山山区、南疆各分区 1971—2000 年年平均冷夜事件分别为 28.6 d、28.4 d、28.6 d、28.7 d。1961—2010 年，新疆区域冷夜事件呈显著减少趋势，减少速率为 6.59 d/10a；冷夜事件出现的最少年为 2007 年，最多年为 1967 年；冷夜日数最多的年代为 1961—1970 年代，1971—1980 年代、1981—1990 年代、1991—2000 年代、2001—2010 年代冷夜事件分别比上一年代减少 5.0 d、9.7 d、5.3 d、6.4 d。北疆、天山山区、南疆各分区冷昼事件变化趋势与新疆区域一致，均呈现显著减少趋势，减少速率分别为 6.94 d/10a、6.93 d/10a、6.11 d/10a(见图 3.6)。

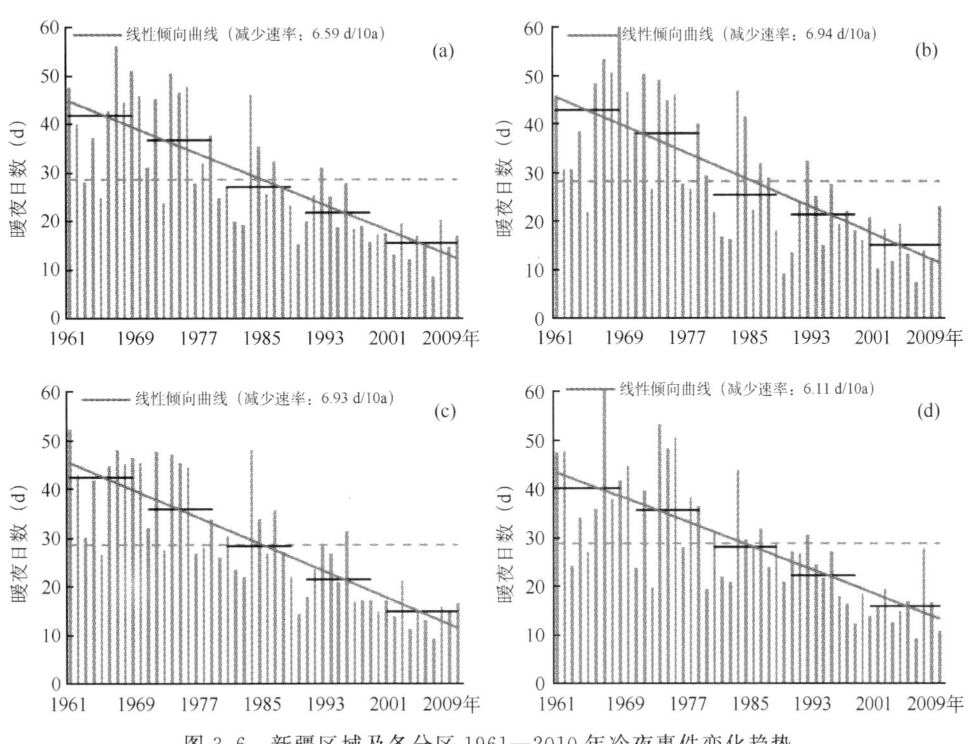

图 3.6　新疆区域及各分区 1961—2010 年冷夜事件变化趋势

(a)新疆；(b)北疆；(c)天山山区；(d)南疆

3.1.3 极端降水

3.1.3.1 日最大降水量

新疆区域及北疆、天山山区、南疆各分区 1971—2000 年年平均日最大降水量分别为 18.5 mm、18.8 mm、28.5 mm、14.5 mm。1961—2010 年，新疆区域及北疆、天山山区、南疆各分区平均日最大降水量均呈显著增加趋势，增加速率分别为 0.84 mm/10a、0.96 mm/10a、1.05 mm/10a、0.65 mm/10a，说明在全球及新疆区域气候变暖的背景下，极端强降水事件出现的概率在增大。

从地域分布看，近 50 年新疆区域日最大降水量变化趋势的空间分布具有地区差异性，阿勒泰西部、塔城北部、巴州、吐鲁番盆地、阿克苏的个别地方以及天山山区西部的吐尔尕特呈减少趋势，减少速率均小于 1 mm/10a；全疆其他绝大部分地方呈增多趋势，增多速率主要在 2 mm/10a 以内，富蕴、霍尔果斯、尼勒克、乌鲁木齐、天池、木垒、柯坪增多速率在 2～3 mm/10a 之间。霍尔果斯增多趋势最明显，增多速率为 2.98 mm/10a，乌鲁木齐次之，为 2.84 mm/10a；和布克赛尔减少趋势最明显，减少速率为 0.95 mm/10a，吉木乃次之，为 0.92 mm/10a。可见，增多趋势明显大于减少趋势(见图 3.7)。

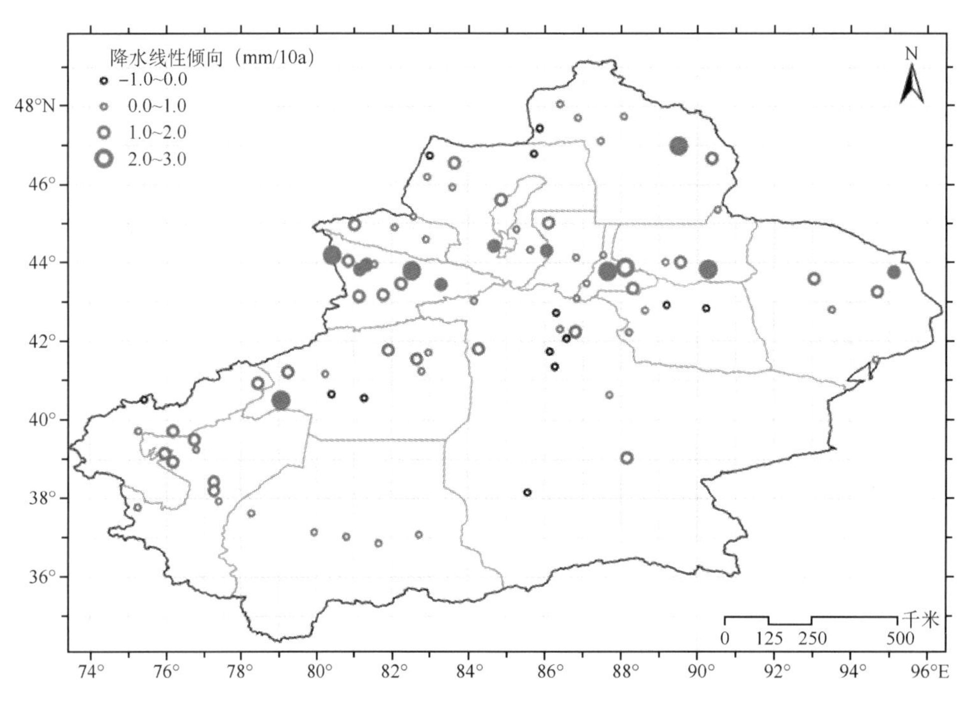

图 3.7 新疆区域 1961—2010 年日最大降水量变化趋势的空间分布

(实心圆圈表示通过 0.05 显著性检验)

3.1.3.2 极端降水事件

新疆区域及北疆、天山山区、南疆各分区 1971—2000 年年平均极端降水事件为 12.5 d、13.6 d、13.4 d、11.1 d。1961—2010 年，新疆区域极端降水事件呈显著增加趋势，增加速率为 1.04 d/10a，这和降水量的增加趋势是一致的；随着年极端降水事件日数的增加，其序列的变率也在增加，极端降水事件出现的最少年为 1997 年，最多年为 2010 年；年代际变率也在增加，1971—1980 年代、1981—1990 年代、1991—2000 年代、2001—2010 年代、分别比上一年代极端降水事件增加了 0.5 d、0.7 d、1.1 d、2.1 d，近 10 年的极端降水事件明显增加。北疆、天山山区、南疆各分区极端降水事件变化趋势与新疆区域一致，均呈显著增加趋势，增加速率分别为 1.16 d/10a、1.15 d/10a、0.87 d/10a(见图 3.8)。

3.1.3.3 最长连续降水日数

新疆区域及北疆、天山山区、南疆各分区 1971—2000 年年平均最长连续降水日数分别为 4.7 d、5.1 d、7.0 d、3.5 d。1961—2010 年，新疆区域及北疆、天山山区、南疆各分区平均最长连续降水日数均呈增加趋势，增加速率分别为 0.118 d/10a、0.216 d/10a、0.001 d/10a、0.066 d/10a，新疆区域及北疆分区增加趋势显著，天山山区、南疆分区增加趋势不显著。

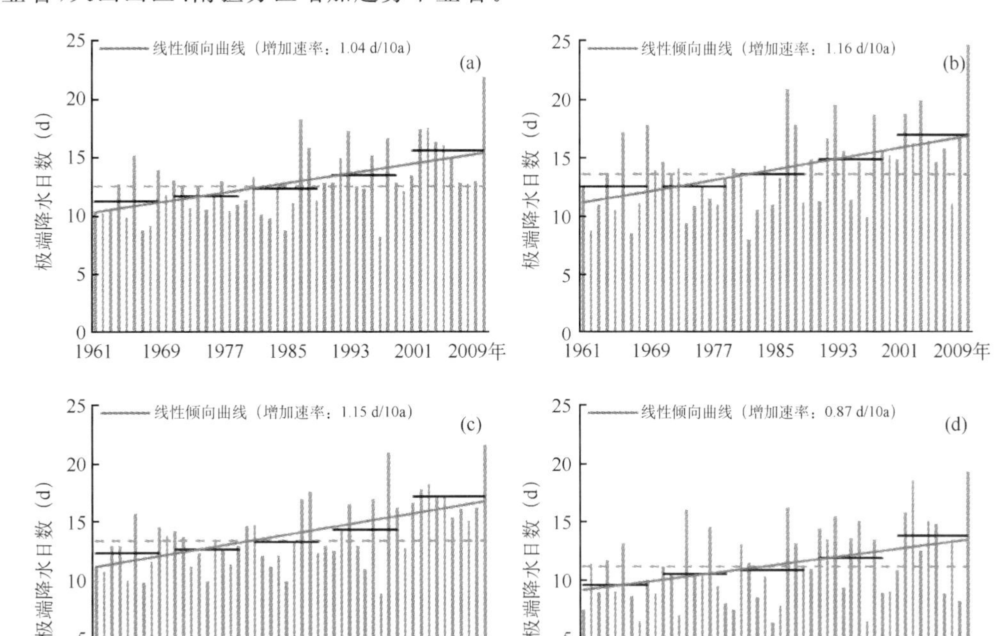

图 3.8 新疆区域 1961—2010 年极端降水事件变化趋势

(a)新疆；(b)北疆；(c)天山山区；(d)南疆

从地域分布看，近 50 年新疆最长连续降水日数变化趋势的空间分布具有地区差异性，天山山区及其两侧和南疆塔里木盆地南缘的部分地方呈减少趋势，减少速率主要小于 0.3 d/10a；全疆其他大部分地方呈增多趋势，北疆阿勒泰西部和博州增多速率大于 0.3 d/10a，其他地方小于 0.3 d/10a。阿拉山口增多趋势最明显，增多速率为 0.90 d/10a，福海次之，为 0.66 d/10a；特克斯减少趋势最明显，减少速率为 0.48 d/10a，焉耆次之，为 0.39 d/10a。可见，单站最长连续降水日数的增多趋势大于减少趋势（见图 3.9）。

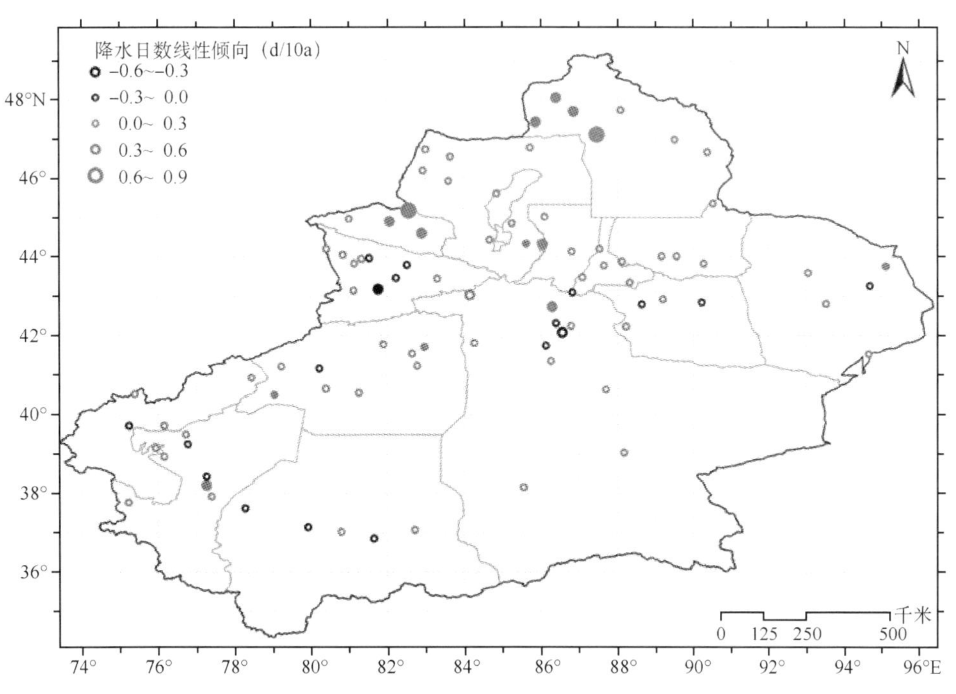

图 3.9 新疆区域 1961—2010 年最长连续降水日数变化趋势的空间分布

（实心圆圈表示通过 0.05 显著性检验）

3.1.3.4 最长连续无降水日数

新疆区域及北疆、天山山区、南疆各分区1971—2000年年平均最长连续无降水日数分别为57.9 d、29.9 d、34.7 d、93.7 d。1961—2010年,新疆区域及北疆、天山山区、南疆各分区平均最长连续无降水日数均呈减少趋势,减少速率分别为1.97 d/10a、1.06 d/10a、1.43 d/10a、3.08 d/10a,新疆区域及北疆、天山山区分区减少趋势显著,南疆分区减少趋势不显著。

从地域分布看,近50年新疆区域最长连续无降水日数变化趋势的空间分布具有地区差异性,北疆昌吉东部以及伊犁、天山山区、南疆环塔里木盆地和吐鲁番个别地方呈增多趋势,增多速率均在2 d/10a以内;全疆其他大部分地方呈减少趋势,天山南侧和塔里木盆地南部的个别地方减少速率大于4 d/10a,其他地方在4 d/10a以内。民丰减少趋势最明显,减少速率为8.87 d/10a,库米什次之,为8.51 d/10a;皮山增多趋势最明显,增多速率为1.61 d/10a,鄯善次之,为1.26 d/10a。可见,单站最长连续无降水日数的减少趋势大于增多趋势(见图3.10)。

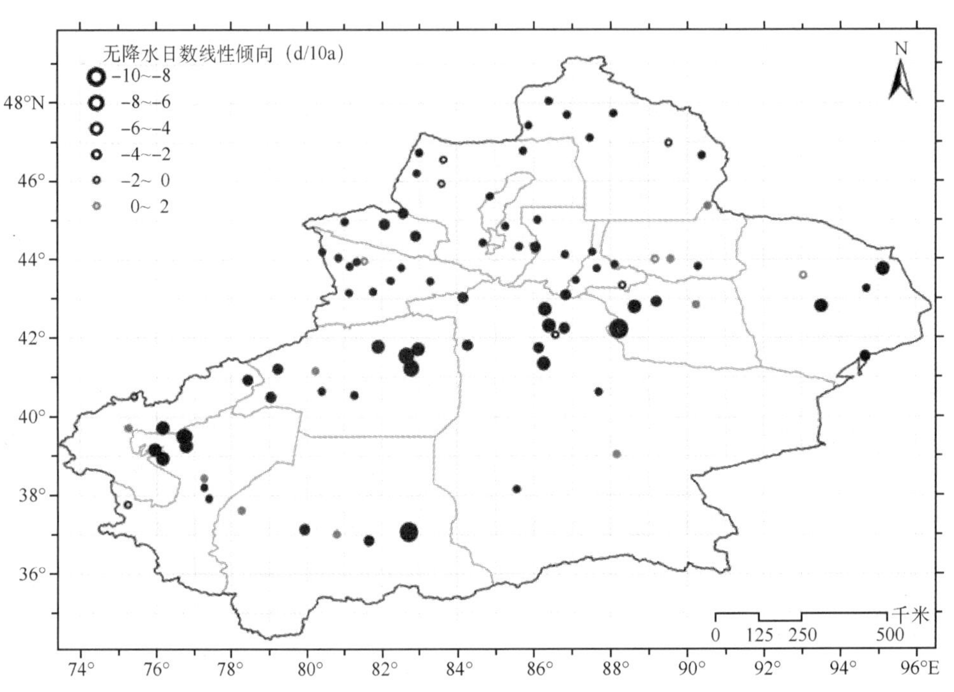

图3.10 新疆区域1961—2010年最长连续无降水日数变化趋势的空间分布

(实心圆圈表示通过0.05显著性检验)

3.2 天气现象变化

3.2.1 暴雨

根据定义,在新疆区域内,暴雨指一昼夜24 h内降雨量超过24 mm或12 h降雨量超过20 mm。

3.2.1.1 暴雨日数

新疆区域及北疆、天山山区、南疆各分区1971—2000年年暴雨站日数分别为31.6站·d、10.2站·d、15.3站·d、6.0站·d。1961—2010年,随着降水的增加,新疆区域及北疆、天山山区、南疆各分区年暴雨日数均呈增加趋势,增加速率分别为4.66站·d/10a、2.01站·d/10a、1.99站·d/10a、0.65站·d/10a,新疆区域及北疆、天山山区分区增加趋势显著,南疆分区增加趋势不显著(见图3.11)。

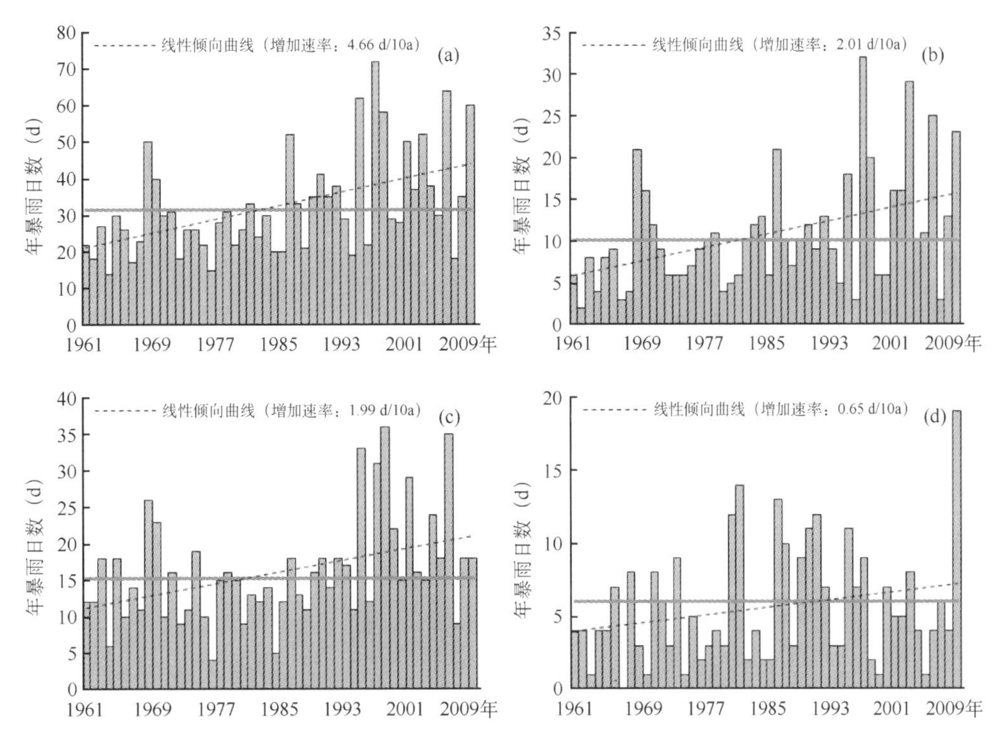

图 3.11 新疆区域及各分区 1961—2010 年年暴雨日数变化趋势

(a)新疆；(b)北疆；(c)天山山区；(d)南疆

3.2.1.2 暴雨量

新疆区域及北疆、天山山区、南疆各分区 1971—2000 年年暴雨量分别为 1017.9 mm、316.0 mm、505.3 mm、196.7 mm。1961—2010 年，随着降水的增加，新疆区域及北疆、天山山区、南疆各分区年暴雨量均呈增加趋势，增加速率分别为 15.85 mm/10a、6.42 mm/10a、6.95 mm/10a、2.48 mm/10a，新疆区域及北疆、天山山区分区增加趋势显著，南疆分区增加趋势不显著(见图 3.12)。

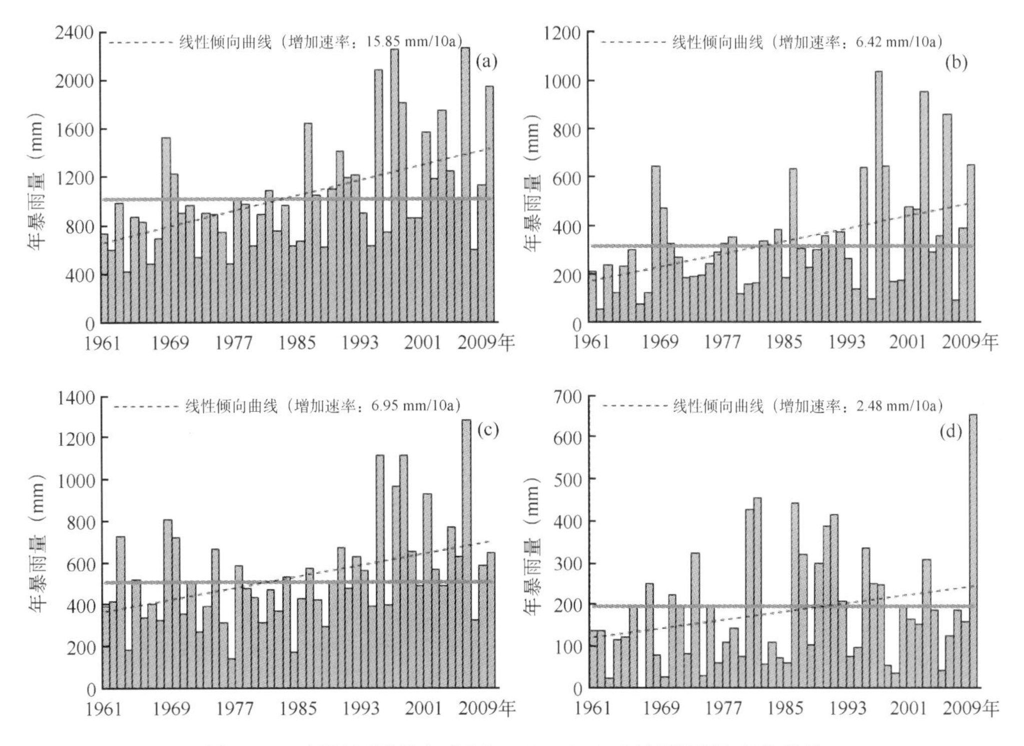

图 3.12 新疆区域及各分区 1961—2010 年年暴雨量变化趋势

(a)新疆；(b)北疆；(c)天山山区；(d)南疆

3.2.2 暴雪

根据定义，在新疆区域内，暴雪指一昼夜 24 h 内降雪量超过 12 mm 或 12 h 降雪量超过 10 mm。本报告年暴雪日数和年暴雪量指冬半年的暴雪日数和暴雪量，例如 2010 年暴雪日数指 2010 年 7 月至 2011 年 6 月暴雪日数。

3.2.2.1 暴雪日数

新疆区域及北疆、天山山区、南疆各分区 1971—2000 年年暴雪站日数分别为 14.8 站·d、5.5 站·d、8.6 站·d、0.7 站·d。1961—2010 年，随着降水的增加，新疆区域及北疆、天山山区、南疆各分区年暴雪日数均呈增加趋势，增加速率分别为 2.94 站·d/10a、2.24 站·d/10a、0.37 站·d/10a、0.33 站·d/10a，新疆区域及北疆、南疆分区增加趋势显著，天山山区分区增加趋势不显著(见图 3.13)。

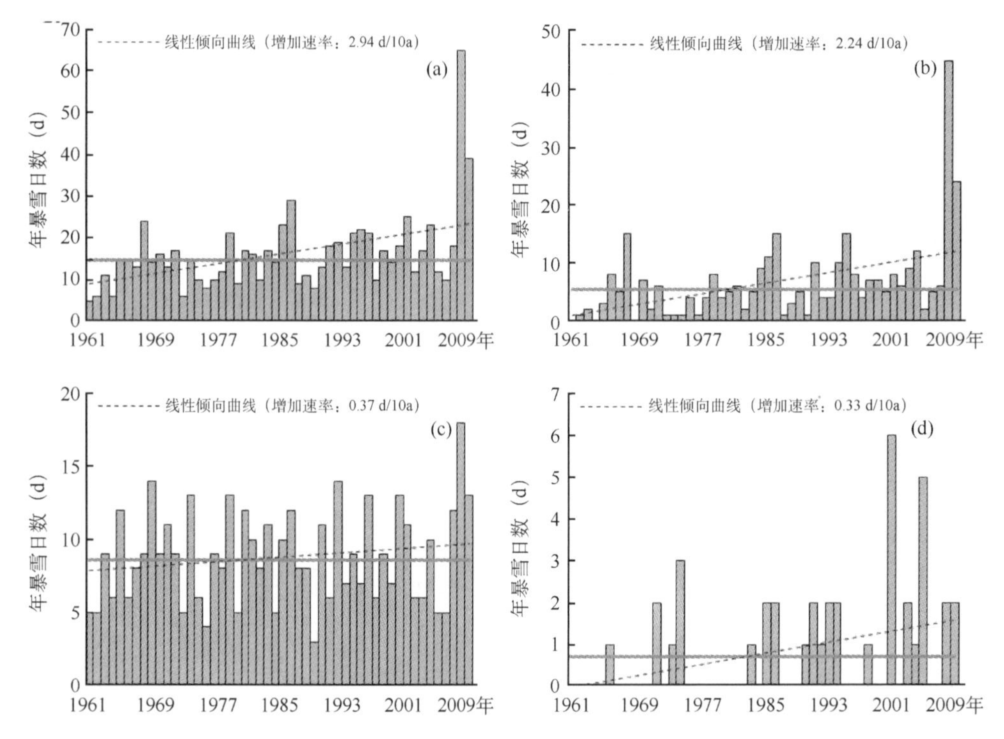

图 3.13 新疆区域及各分区 1961—2010 年年暴雪日数变化趋势

(a)新疆；(b)北疆；(c)天山山区；(d)南疆

3.2.2.2 暴雪量

新疆区域及北疆、天山山区、南疆各分区 1971—2000 年年暴雪量分别为 260.5 mm、87.2 mm、161.5 mm、11.8 mm。1961—2010 年，随着降水的增加，新疆区域及北疆、天山山区、南疆各分区年暴雪量均呈增加趋势，增加速率分别为 5.44 mm/10a、3.95 mm/10a、9.58 mm/10a、5.33 mm/10a，新疆区域及北疆、南疆分区增加趋势显著，天山山区分区增加趋势不显著(见图 3.14)。

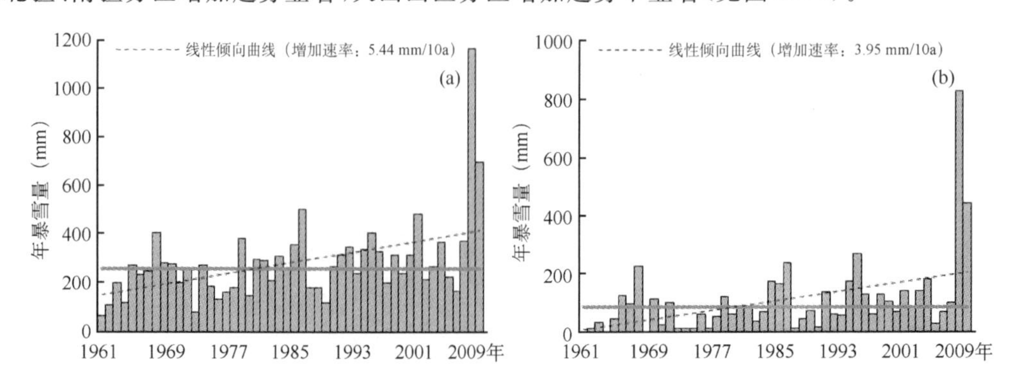

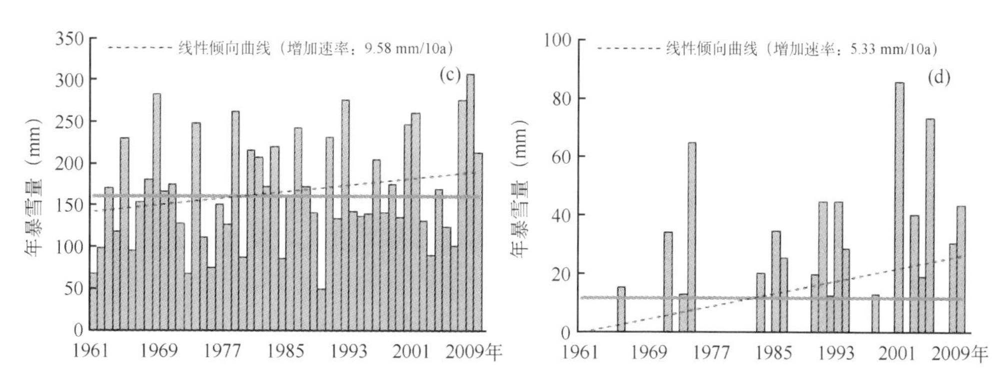

图 3.14 新疆区域及各分区 1961—2010 年年暴雪量变化趋势

(a)新疆；(b)北疆；(c)天山山区；(d)南疆

3.2.3 大风

我国气象上规定，瞬时风速达到或超过 17.2 m/s(或目测估计风力达到或超过 8 级)的风，称为大风。

新疆区域及北疆、天山山区、南疆各分区 1971—2000 年年平均大风日数分别为 20.7 d、28.8 d、18.3 d、13.7 d。1961—2010 年，新疆区域及北疆、天山山区、南疆各分区平均年大风日数均呈显著减少趋势，减少速率分别为 4.03 d/10a、5.72 d/10a、1.22 d/10a、3.43 d/10a。

从地域分布看，近 50 年新疆区域年大风日数变化趋势的空间分布具有地区差异性，北疆的温泉和木垒、天山中段的大西沟和巴音布鲁克以及南疆西部山区部分地方和吐鲁番的库米什呈增多趋势，增多速率主要在 3 d/10a 以内，其中南疆西部山区大于 6 d/10a；全疆其他大部分地方呈减少趋势，减少速率主要在 3～9 d/10a 之间。裕民减少趋势最明显，减少速率为 17.02 d/10a，托克逊次之，为 15.26 d/10a；乌恰增多趋势最明显，增多速率为 7.90 d/10a，塔什库尔干次之，为 4.10 d/10a。可见，单站年大风日数的减少趋势远远大于增多趋势(见图 3.15)。

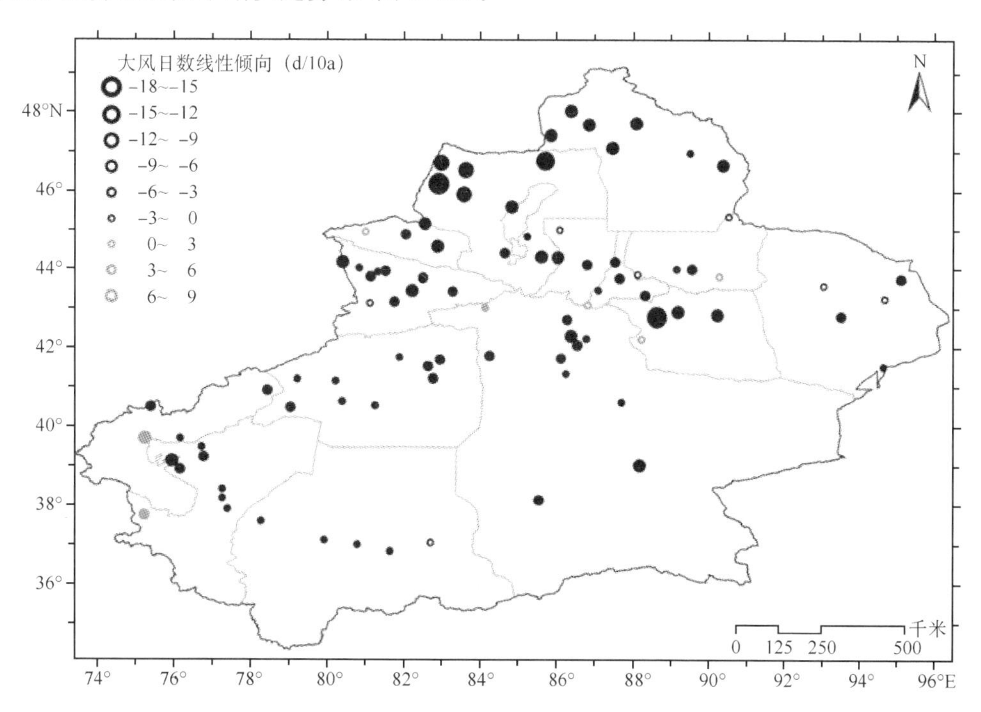

图 3.15 新疆区域 1961—2010 年年大风日数变化趋势的空间分布

(实心圆圈表示通过 0.05 显著性检验)

3.2.4 沙尘天气

沙尘天气根据风力和能见度分为沙尘暴、扬沙、浮尘三类。

3.2.4.1 沙尘暴

沙尘暴是指由于强风将地面大量尘沙吹起，使空气相当混浊，水平能见度小于1.0 km的天气现象。

新疆区域及北疆、天山山区、南疆各分区1971—2000年年平均沙尘暴日数分别为5.5 d、3.4 d、1.0 d、9.2 d。1961—2010年，新疆区域及北疆、天山山区、南疆各分区平均年沙尘暴日数均呈显著减少趋势，减少速率分别为1.63 d/10a、1.03 d/10a、0.33 d/10a、2.69 d/10a。

从地域分布看，近50年新疆区域年沙尘暴日数变化趋势的空间分布地区差异较小，仅北疆的托里、北塔山和天山山区的尼勒克、巴仑台、天池呈增多趋势，增多速率均小于0.1 d/10a；全疆其他大部分地方呈明显减少趋势，北疆和天山山区主要在2 d/10a以内，南疆塔里木盆地周边主要减少速率大于2 d/10a，其中塔里木盆地西部和哈密东部减少速率大于6 d/10a。柯坪减少趋势最明显，减少速率为8.41 d/10a，淖毛湖次之，为7.31 d/10a；北塔山增多趋势最明显，增多速率为0.08 d/10a。可见，单站年沙尘暴日数的减少趋势远远大于增多趋势(见图3.16)。

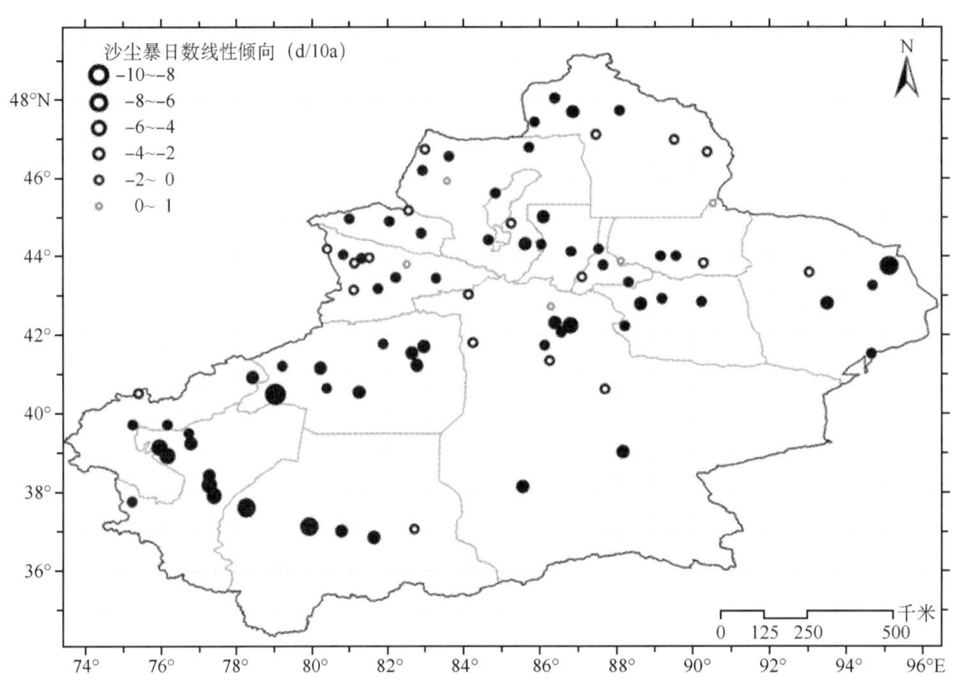

图3.16 新疆区域1961—2010年年沙尘暴日数变化趋势的空间分布

(实心圆圈表示通过0.05显著性检验)

3.2.4.2 扬沙

扬沙是指由于风大将地面尘沙吹起，使空气相当混浊，水平能见度大于等于1.0 km至小于10.0 km的天气现象。

新疆区域及北疆、天山山区、南疆各分区1971—2000年年平均扬沙日数分别为17.6 d、8.9 d、2.8 d、31.5 d。1961—2010年，新疆区域及北疆、天山山区、南疆各分区平均年扬沙日数均呈显著减少趋势，减少速率分别为2.90 d/10a、1.54 d/10a、0.58 d/10a、5.07 d/10a。

从地域分布看，近50年新疆区域年扬沙日数变化趋势的空间分布具有地区差异性，北疆北部、天山山区及其两侧和南疆西部山区呈增多趋势，增多速率均小于3 d/10a；全疆其他大部分地方呈减少趋势，北疆减少速率主要在6 d/10a以内，南疆环塔里木盆地周边减少速率主要大于6 d/10a。铁干里克减少趋势最明显，减少速率为16.59 d/10a，民丰次之，为12.46 d/10a；轮台增多趋势最明显，增多速率为2.17 d/10a，塔什库尔干次之，为1.41 d/10a。可见，单站年扬沙日数的减小趋势远远大于增多趋势(见图3.17)。

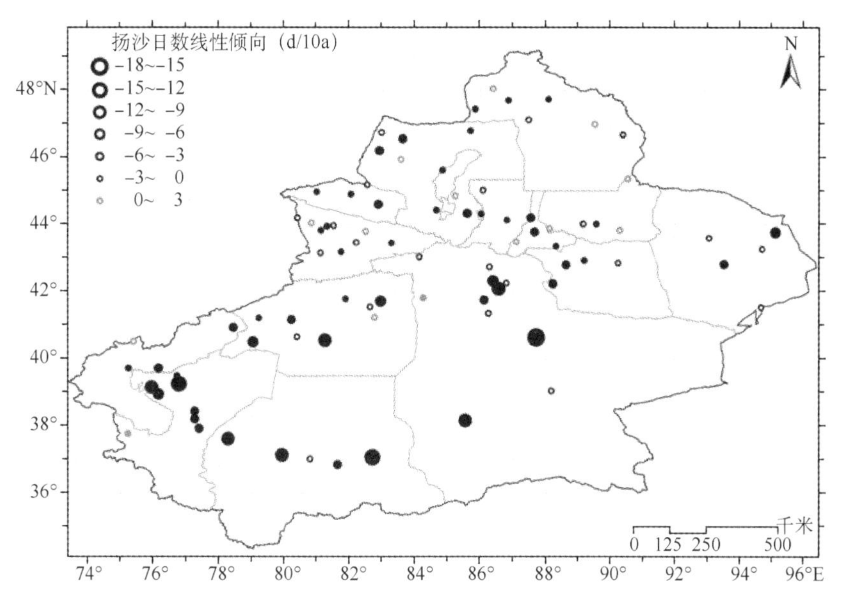

图 3.17 新疆区域 1961—2010 年年扬沙日数变化趋势的空间分布

（实心圆圈表示通过 0.05 显著性检验）

3.2.4.3 浮尘

浮尘是指尘土、细沙均匀地浮游在空中，使水平能见度小于 10.0 km 的天气现象。浮尘多为远处尘沙经上层气流传播而来，或为沙尘暴、扬沙出现后尚未下沉的细粒浮游空中而成。

新疆区域及北疆、天山山区、南疆各分区 1971—2000 年年平均浮尘日数分别为 33.6 d、2.7 d、7.8 d、73.2 d。1961—2010 年，新疆区域及北疆、天山山区、南疆各分区平均年浮尘日数均呈减少趋势，减少速率分别为 4.89 d/10a、0.09 d/10a、1.30 d/10a、10.89 d/10a，新疆区域及天山山区、南疆分区减少趋势显著，北疆分区减少趋势不显著。

从地域分布看，近 50 年新疆区域年浮尘日数变化趋势的空间分布具有地区差异性，北疆北部、西部和沿天山一带呈增多趋势，增多速率均小于 5 d/10a；全疆其他大部分地方呈减少趋势，其中南疆塔里木盆地周边减少速率大于 10 d/10a。塔里木盆地东部的且末减少趋势最明显，减少速率为 31.84 d/10a，民丰次之，为 25.85 d/10a；北疆西部的精河增多趋势最明显，增多速率为 4.74 d/10a，博乐次之，为 1.09 d/10a。可见，单站年浮尘日数的减小趋势远远大于增多趋势（见图 3.18）。

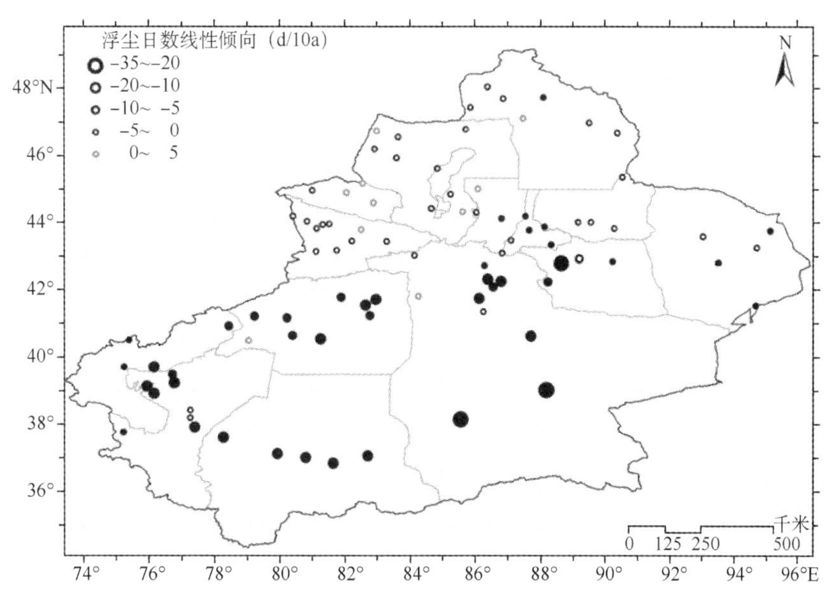

图 3.18 新疆区域 1961—2010 年年浮尘日数变化趋势的空间分布

（实心圆圈表示通过 0.05 显著性检验）

3.2.5 冰雹

新疆区域及北疆、天山山区、南疆各分区 1971—2000 年年平均冰雹日数分别为 1.3 d、1.0 d、4.0 d、0.6 d。1961—2010 年，新疆区域及北疆、天山山区、南疆各分区平均年冰雹日数均呈显著减少趋势，减少速率分别为 0.16 d/10a、0.09 d/10a、0.66 d/10a、0.05 d/10a。

从地域分布看，近 50 年新疆区域年冰雹日数变化趋势的空间分布具有地区差异性，北疆西部、准噶尔盆地、天山山区西段个别地方以及南疆吐鲁番盆地和塔里木盆地部分地方呈增多趋势，增多速率均小于 0.3 d/10a；全疆其他大部分地方呈减少趋势，减少速率主要在 0.6 d/10a 以内。天山西段的昭苏减少趋势最明显，减少速率为 2.96 d/10a，巴音布鲁克次之，为 2.03 d/10a；吐鲁番增多趋势最明显，增多速率为 0.24 d/10a，伽师次之，为 0.20 d/10a。可见，单站年冰雹日数的减少趋势远远大于增多趋势(见图 3.19)。

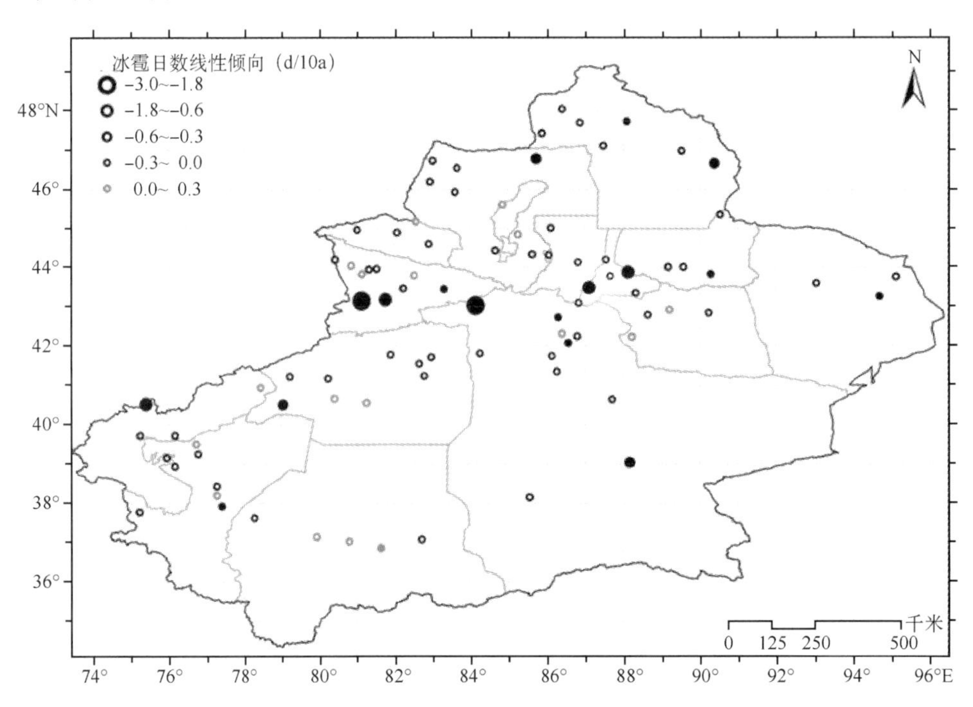

图 3.19 新疆区域 1961—2010 年年冰雹日数变化趋势的空间分布

(实心圆圈表示通过 0.05 显著性检验)

3.2.6 雷暴

新疆区域及北疆、天山山区、南疆各分区 1971—2000 年年平均雷暴日数分别为 20.2 d、18.5 d、35.3 d、16.2 d。1961—2010 年，新疆区域及北疆、天山山区、南疆各分区平均年雷暴日数均呈显著减少趋势，减少速率分别为 1.28 d/10a、1.53 d/10a、1.90 d/10a、0.82 d/10a。

从地域分布看，近 50 年新疆区域年雷暴日数变化趋势的空间分布具有地区差异性，天山山区及其两侧的个别地方呈增多趋势，增多速率均小于 1 d/10a；全疆其他大部分地方呈减少趋势，其中北疆和天山山区及其南麓大部分地方减少速率大于 1 d/10a，天山山区西部的部分地方大于 4 d/10a。天山西段的巩留减少趋势最明显，减少速率为 6.57 d/10a，特克斯次之，为 4.63 d/10a；乌恰增多趋势最明显，增多速率为 0.99 d/10a，莫索湾次之，为 0.45 d/10a。可见，单站年雷暴日数的减小趋势远远大于增多趋势(见图 3.20)。

3.2.7 雾

雾是大量微小水滴或冰晶浮游空中，常呈乳白色，使水平能见度小于 1.0 km 的现象。新疆区域及北疆、天山山区、南疆各分区 1971—2000 年年平均雾日数分别为 9.4 d、14.2 d、16.8 d、2.0 d。1961—2010 年，新疆区域及北疆分区平均年雾日数呈不显著的增加趋势，增加速率分别为 0.03 d/10a、0.39 d/10a；天山山区、南疆呈不显著的减少趋势，减少速率分别为 0.38 d/10a、0.17 d/10a。

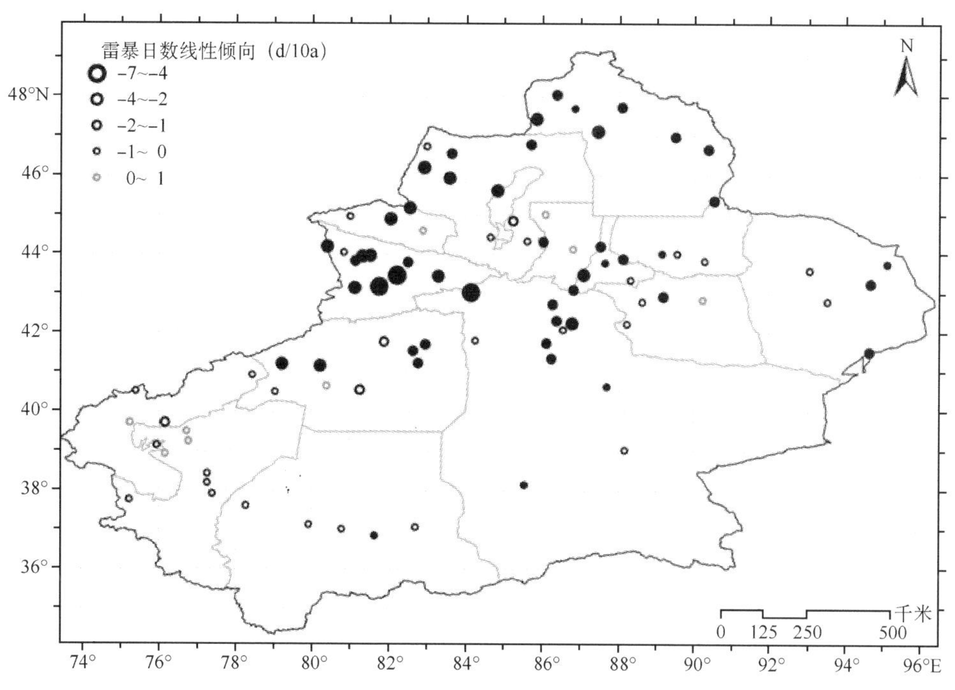

图 3.20 新疆区域 1961—2010 年年雷暴日数变化趋势的空间分布

(实心圆圈表示通过 0.05 显著性检验)

从地域分布看,近 50 年新疆区域年雾日数变化趋势的空间分布地区差异明显,北疆准噶尔盆地到沿天山一带、天山山区的大部分地方和北疆北部、西部个别地方以及南疆塔里木盆地西南部的大部分地方和天山山区南侧个别地方呈增多趋势,其中准噶尔盆地到沿天山一带东部增多速率大于 2 d/10a;全疆其他地方呈减少趋势,其中天山山区中段个别地方减少速率大于 2 d/10a。天山中段的大西沟减少趋势最明显,减少速率为 5.81 d/10a,小渠子次之,为 2.47 d/10a;天池增多趋势最明显,增多速率为 3.34 d/10a,乌鲁木齐次之,为 3.21 d/10a。可见,单站年雾日数的减小趋势略大于增多趋势(见图 3.21)。

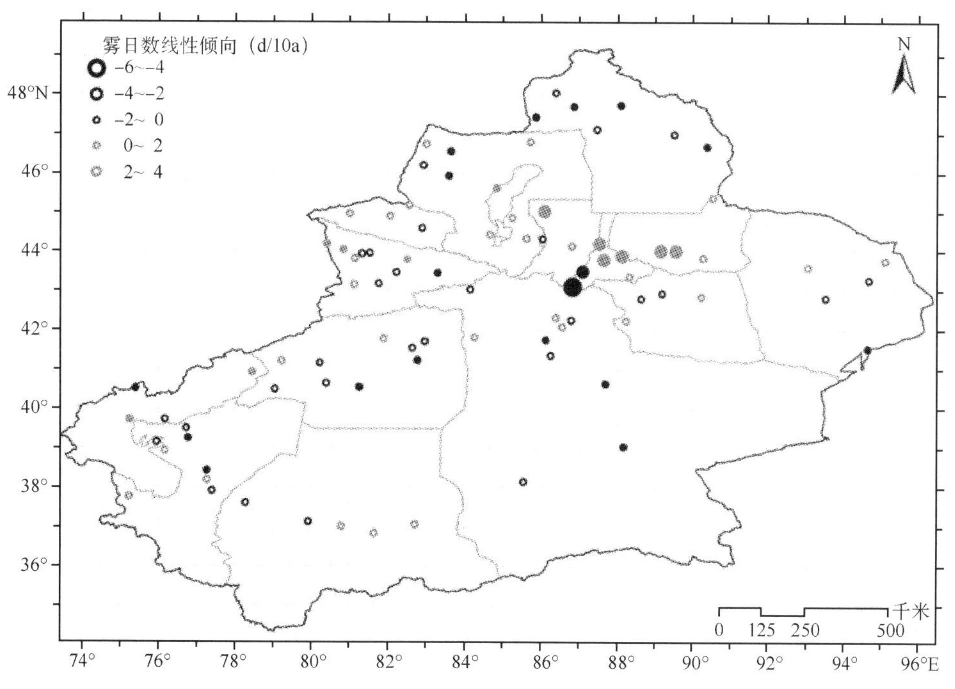

图 3.21 新疆区域 1961—2010 年年雾日数变化趋势的空间分布

(实心圆圈表示通过 0.05 显著性检验)

3.2.8 高温日

气象规定，日最高温度达到或超过35℃时称为高温。

新疆区域及北疆、天山山区、南疆各分区1971—2000年年平均≥35℃高温日数分别为13.9 d、11.2 d、0.3 d、21.4 d。1961—2010年，随着气候变暖，新疆区域及北疆、南疆分区平均年≥35℃高温日数呈增加趋势，增加速率分别为0.61 d/10a、0.57 d/10a、0.02 d/10a，新疆区域及南疆分区增加趋势显著，北疆增加趋势不显著；天山山区呈微弱减少趋势，减少速率为0.004 d/10a。

从地域分布看，近50年新疆区域年≥35℃高温日数变化趋势的空间分布具有地区差异性，北疆北部、西部、沿天山一带的个别地方以及天山南麓部分地方、塔里木盆地南部个别地方呈减少趋势，减少速率主要小于2 d/10a；全疆其他大部分地方呈增加趋势，其中北疆西部个别地方和南疆偏东地区增多速率大于2 d/10a。淖毛湖增多趋势最明显，增多速率为5.11 d/10a，且末次之，为4.67 d/10a；乌鲁木齐减少趋势最明显，减少速率为2.54 d/10a，阿拉尔次之，为1.63 d/10a。可见，单站年≥35℃高温日数的增多趋势大于减少趋势(见图3.22)。

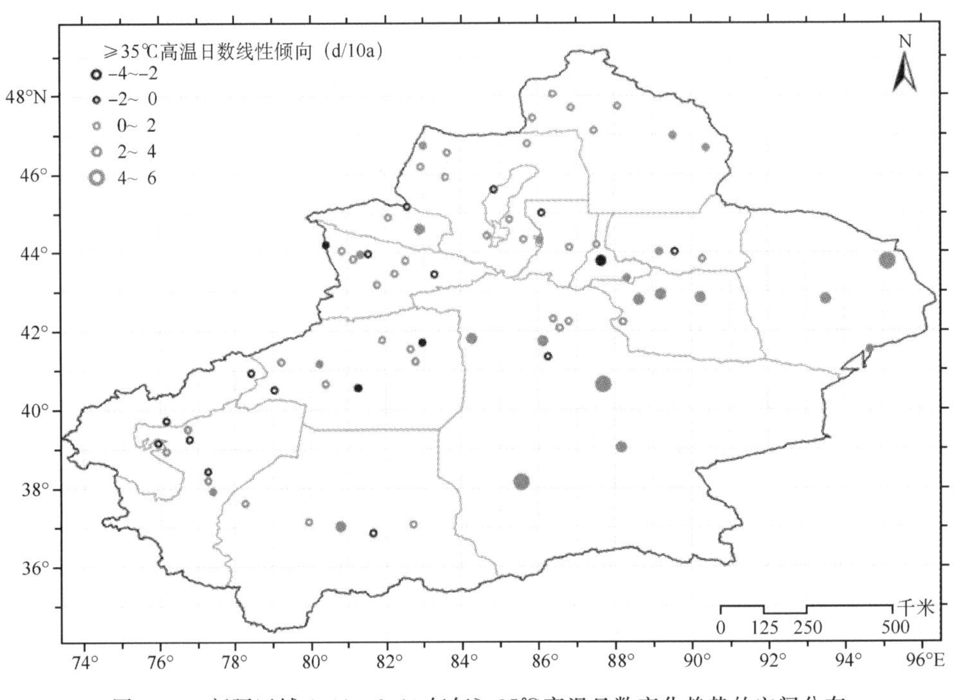

图3.22 新疆区域1961—2010年年≥35℃高温日数变化趋势的空间分布

(实心圆圈表示通过0.05显著性检验)

3.2.9 严寒日

新疆区域及北疆、天山山区、南疆各分区1971—2000年年平均≤－20℃严寒日数分别为19.0 d、31.2 d、26.6 d、4.4 d。1961—2010年，随着气候变暖，新疆区域及北疆、天山山区、南疆各分区年平均≤－20℃严寒日数均呈减少趋势，减少速率分别为2.20 d/10a、3.62 d/10a、2.65 d/10a、0.65 d/10a，新疆区域及北疆、天山山区分区减少趋势显著，南疆减少趋势不显著。

从地域分布看，近50年新疆区域年平均≤－20℃严寒日数变化趋势的空间分布地区差异较小，仅南疆莎车、皮山、于田、哈密呈增多趋势，增多速率均小于1 d/10a；全疆其他绝大部分地方呈减少趋势，北疆和天山山区减少速率主要大于2 d/10a，其中北疆北部、西部、沿天山一带大于4 d/10a，南疆减少速率主要小于1 d/10a。巴里坤减少趋势最明显，减少速率为8.10 d/10a，吉木萨尔次之，为7.05 d/10a；哈密增多趋势最明显，增多速率为0.55 d/10a，于田次之，为0.09 d/10a。可见，单站年≤－20℃严寒日数的减少趋势明显大于增多趋势(见图3.23)。

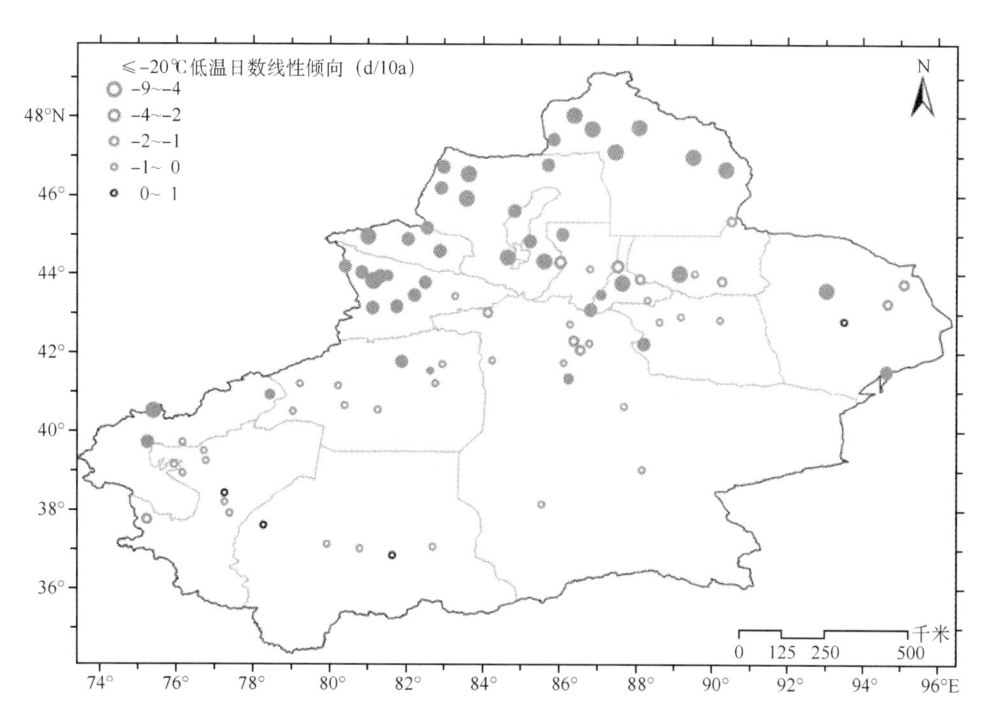

图 3.23 新疆区域 1961—2010 年年平均≤－20℃严寒日数变化趋势的空间分布

（实心圆圈表示通过 0.05 显著性检验）

第4章　新疆热量条件变化事实

1961—2010年，近50年来新疆区域热量条件出现了明显变化。新疆区域主要农区初霜日显著推迟，终霜日呈提前趋势，无霜期显著延长；稳定通过≥0℃、≥10℃、≥15℃、≥20℃初日均呈提前趋势，终日均显著推后，初、终日间日数均呈增加趋势，积温呈显著增多；气温年较差呈减小趋势，年平均气温日较差和平均最大气温日较差均显著减小。上述各种要素变化趋势空间分布存在一定地区差异，但差异普遍较小，全疆大部分地区变化趋势一致。

4.1　气温较差变化

4.1.1　气温年较差

新疆区域及北疆、天山山区、南疆各分区1971—2000年年平均气温年较差分别为34.8℃、38.4℃、29.4℃、33.6℃。1961—2010年，新疆区域夏季和冬季平均气温均呈上升趋势，且冬季平均气温上升趋势远远高于夏季平均气温，导致气温年较差呈减小趋势，减小速率为0.28℃/10a，减少趋势不显著。北疆、天山山区、南疆各分区平均气温年较差变化趋势与新疆区域一致，均呈不显著减小趋势，减小速率分别为0.34℃/10a、0.17℃/10a、0.26℃/10a。

从地域分布看，近50年新疆区域气温年较差变化趋势的空间分布具有地区差异性，南疆西部山区、巴州南部至哈密一带和轮台以及北疆东南部的北塔山呈增大趋势，增大速率主要小于0.5℃/10a；全疆其他大部分地方呈减小趋势，其中北疆东北部、伊犁河谷、北疆沿天山一带以及吐鲁番、巴州北部、阿克苏、喀什、克州的个别地方减小速率大于0.5℃/10a，其他地方小于0.5℃/10a。乌鲁木齐减小趋势最明显，减小速率为1.26℃/10a，霍尔果斯次之，为0.89℃/10a；塔什库尔干增大趋势最明显，增大速率为0.73℃/10a，淖毛湖次之，为0.51℃/10a。可见，单站气温年较差的减小趋势远远大于增大趋势（见图4.1）。

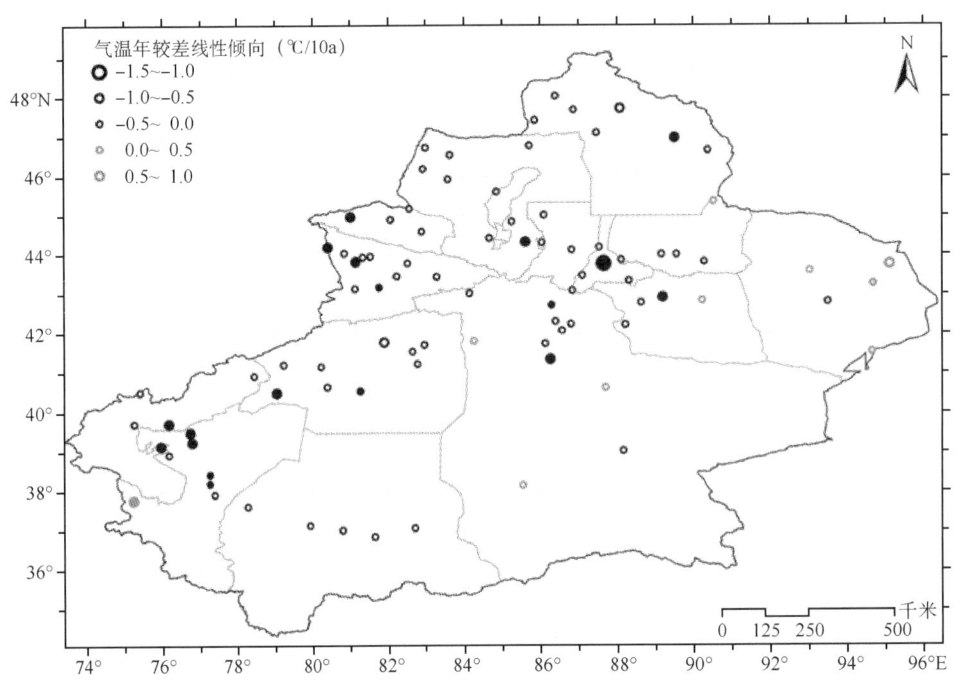

图4.1　新疆区域1961—2010年年平均气温年较差变化趋势的空间分布

（实心圆圈表示通过0.05显著性检验）

4.1.2　气温日较差

4.1.2.1　年平均气温日较差

新疆区域及北疆、天山山区、南疆各分区1971—2000年年平均气温日较差分别为13.2℃、13.2℃、12.4℃、14.3℃。1961—2010年，新疆区域年平均最高气温、最低气温均呈上升趋势，且年平均最低气温上升趋势远远高于年平均最高气温，导致年平均气温日较差呈显著减小趋势，减小速率为0.26℃/10a。北疆、天山山区、南疆各分区年平均气温日较差变化趋势与新疆区域一致，均呈现显著减小趋势，减小速率分别为0.32℃/10a、0.30℃/10a、0.18℃/10a。

从地域分布看，近50年新疆区域年平均气温日较差变化趋势的空间分布具有地区差异性，仅天山山区及其两侧的个别地方呈增大趋势，增大速率均小于0.5℃/10a；全疆其他大部分地方呈减小趋势，其中天山山区及其两侧个别地方减小速率大于0.6℃/10a。霍尔果斯减小趋势最明显，减小速率为0.82℃/10a，巴里坤次之，为0.75℃/10a；库车增大趋势最明显，增大速率为0.36℃/10a，阿克陶次之，为0.31℃/10a。可见，单站年平均气温日较差的减小趋势远远大于增大趋势(见图4.2)。

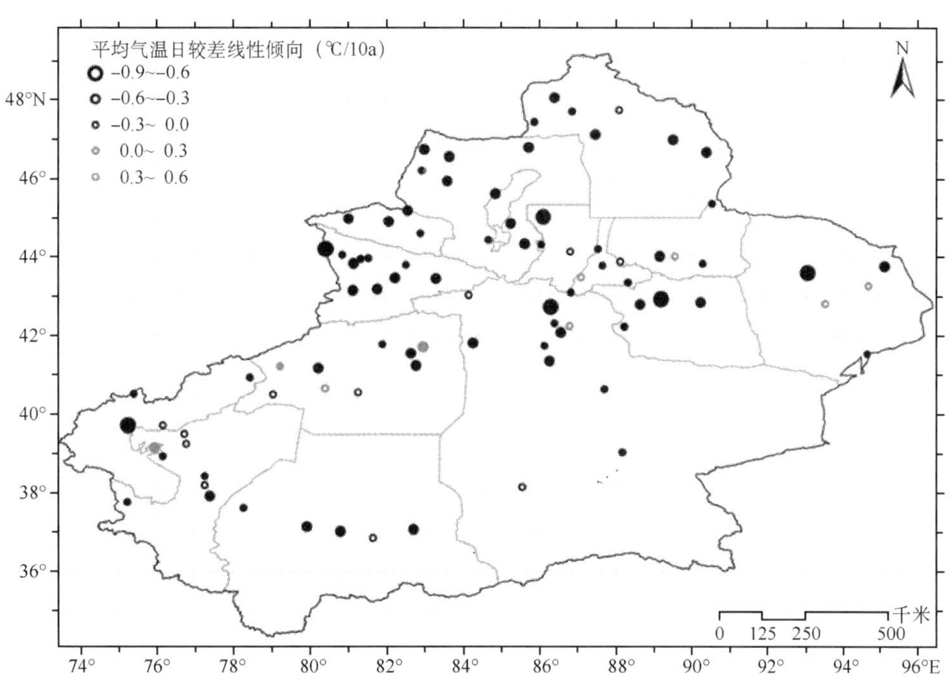

图4.2　新疆区域1961—2010年年平均气温日较差变化趋势的空间分布
(实心圆圈表示通过0.05显著性检验)

4.1.2.2　最大气温日较差

新疆区域及北疆、天山山区、南疆各分区1971—2000年年平均最大气温日较差分别为22.7℃、22.5℃、22.1℃、23.1℃。1961—2010年，新疆区域及北疆、天山山区、南疆各分区平均最大气温日较差均呈显著减小趋势，减小速率分别为0.30℃/10a、0.36℃/10a、0.49℃/10a、0.17℃/10a。

从地域分布看，近50年新疆区域平均最大气温日较差变化趋势的空间分布具有地区差异性，北疆东南部、天山山区及其两侧和南疆塔里木盆地东南侧的部分地方呈增大趋势，增大速率主要小于0.4℃/10a；全疆其他大部分地方呈减小趋势，减小速率主要小于0.8℃/10a，北疆西部、东部、西天山和东天山、南疆南部的个别地方减小速率大于0.8℃/10a。乌恰减小趋势最明显，减小速率为1.45℃/10a，特克斯次之，为1.26℃/10a；库车增大趋势最明显，增大速率为0.61℃/10a，乌什次之，为0.34℃/10a。可见，单站平均最大气温日较差的减小趋势远远大于增大趋势(见图4.3)。

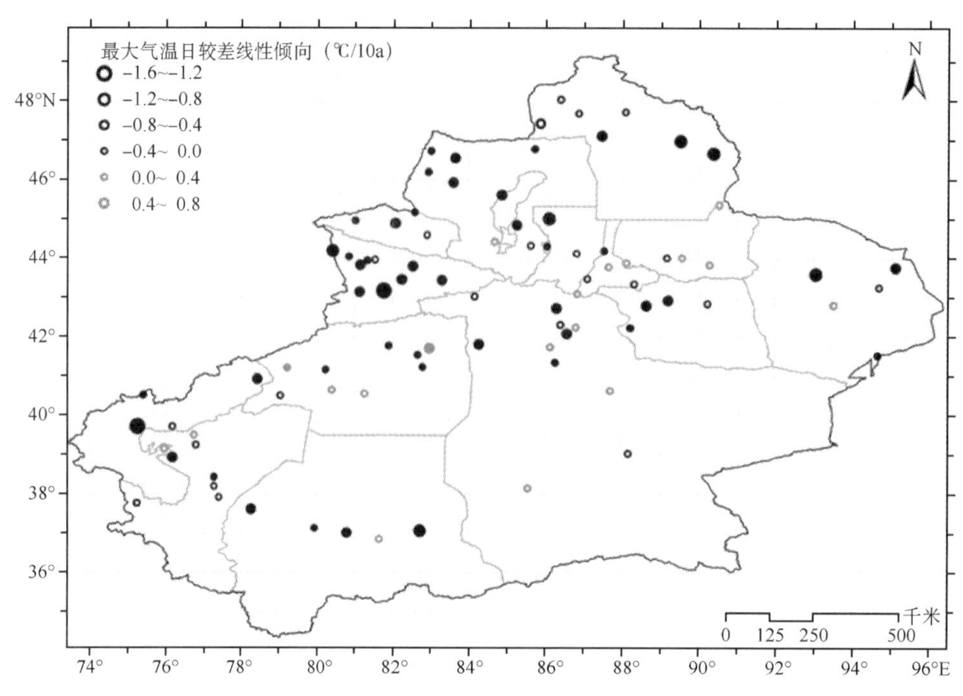

图 4.3 新疆区域 1961—2010 年年平均最大气温日较差变化趋势的空间分布

（实心圆圈表示通过 0.05 显著性检验）

4.2 霜期变化

4.2.1 初霜日

新疆区域及北疆、天山山区、南疆各分区 1971—2000 年年平均初霜日分别为 10 月 11 日、10 月 8 日、9 月 18 日、10 月 22 日。1961—2010 年，新疆区域及北疆、天山山区、南疆各分区平均初霜日均呈显著推迟趋势，推迟速率分别为 2.13 d/10a、2.85 d/10a、2.91 d/10a、1.15 d/10a。

从地域分布看，近 50 年新疆区域初霜日距平变化趋势的空间分布具有地区差异性，南疆的环塔里木盆地靠近盆地的部分地方和天山东部的伊吾初霜日呈提前趋势，提前速率在 2 d/10a 以内；全疆其他大部分地方呈推后趋势，其中北疆、天山山区大部以及南疆塔里木盆地周边和吐鲁番、哈密部分地方推后速率大于 2 d/10a。霍尔果斯推后趋势最明显，推后速率为 5.95 d/10a，尼勒克次之，为 5.24 d/10a；乌什和阿瓦提提前趋势最明显，提前速率分别为 1.48 d/10a、1.46 d/10a，阿拉尔次之，为 1.30 d/10a。可见，单站初霜日的推后趋势远远大于提前趋势（见图 4.4）。

4.2.2 终霜日

新疆区域及北疆、天山山区、南疆各分区 1971—2000 年年平均终霜日分别为 4 月 17 日、4 月 22 日、5 月 19 日、3 月 31 日。1961—2010 年，新疆区域及北疆、天山山区、南疆各分区平均终霜日均呈提前趋势，提前速率分别为 1.34 d/10a、1.20 d/10a、1.41 d/10a、1.41 d/10a，北疆分区提前趋势不显著，其他区域提前趋势显著。

从地域分布看，近 50 年新疆区域终霜日变化趋势的空间分布地区差异较小，北疆阿勒泰、和布克赛尔、温泉和天山山区及其两侧的个别地方终霜日呈推后趋势，推后速率在 2 d/10a 以内；全疆其他大部分地方呈提前趋势，其中提前速率大于 2 d/10a 的区域主要位于南疆塔里木盆地东部的大部分地方以及北疆西部、东部、沿天山一带、天山山区个别地方。特克斯提前趋势最明显，提前速率为 4.37 d/10a，轮台次之，为 4.18 d/10a；阿克陶推后趋势最明显，推后速率为 1.36 d/10a，阿勒泰次之，为 1.28 d/10a。可见，单站终霜日的提前趋势大于推后趋势（见图 4.5）

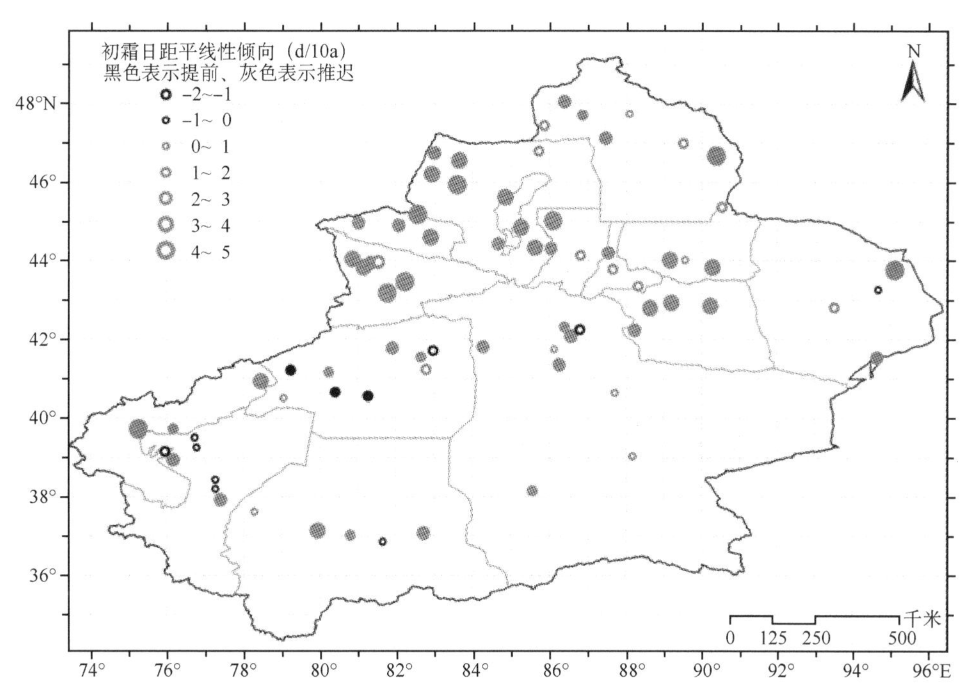

图 4.4 新疆区域 1961—2010 年年平均初霜日距平变化趋势的空间分布

（实心圆圈表示通过 0.05 显著性检验）

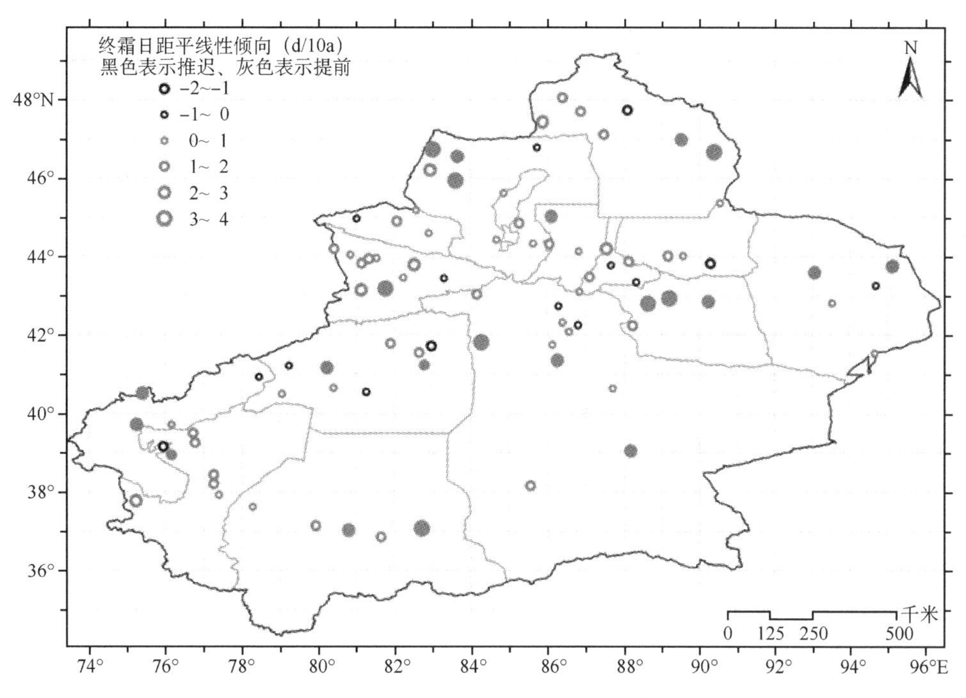

图 4.5 新疆区域 1961—2010 年年平均终霜日距平变化趋势的空间分布

（实心圆圈表示通过 0.05 显著性检验）

4.2.3 无霜期

新疆区域及北疆、天山山区、南疆各分区 1971—2000 年年平均无霜期分别为 175.5 d、167.3 d、119.9 d、204.0 d。1961—2010 年，新疆区域及北疆、天山山区、南疆各分区平均无霜期均呈显著延长趋势，延长速率分别为 3.60 d/10a、3.95 d/10a、4.37 d/10a、2.96 d/10a。

从地域分布看，近 50 年新疆区域无霜期变化趋势的空间分布具有地区差异性，仅北疆北部的阿勒泰和天山山区及其南侧的个别地方无霜期呈缩短趋势，缩短速率主要小于 2 d/10a；全疆其他大部分地方呈延长趋势，其中北疆北部、西部和准噶尔盆地南缘以及天山山区和南疆巴州北部、和田、吐鲁番、哈密个别地方延长速率大于 6 d/10a。青河延长趋势最明显，延长速率为 9.30 d/10a，特克斯次之，为

8.59 d/10a;阿克陶、库车缩短趋势最明显,缩短速率为2.18 d/10a,乌什次之,为1.70 d/10a。可见,单站无霜期的延长趋势远远大于缩短趋势(见图4.6)。

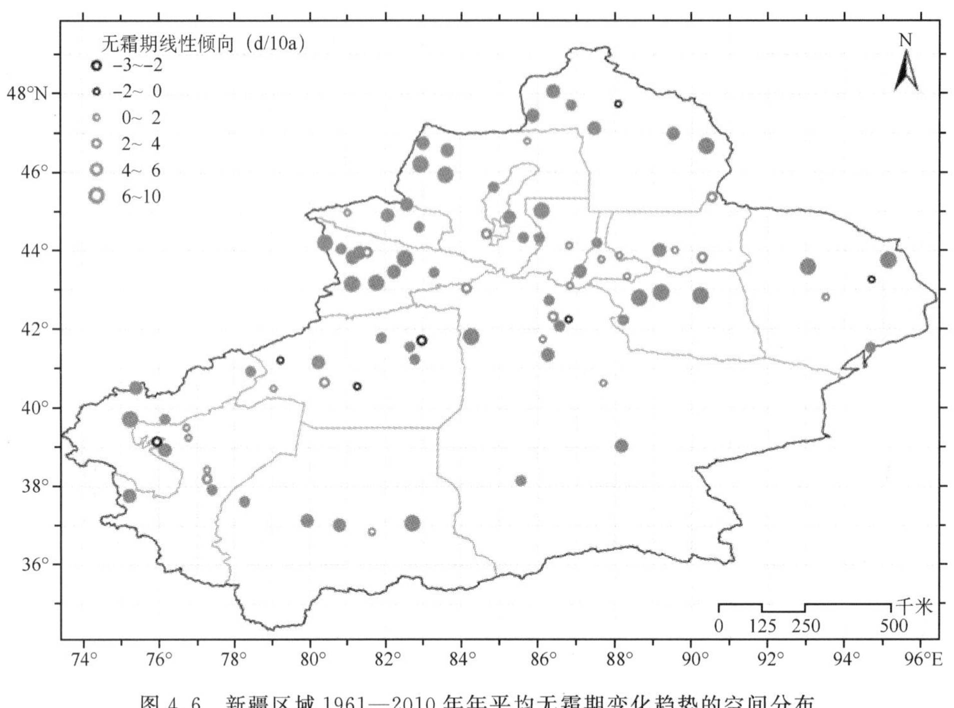

图4.6 新疆区域1961—2010年年平均无霜期变化趋势的空间分布
(实心圆圈表示通过0.05显著性检验)

4.3 稳定通过不同界限温度初、终日变化

4.3.1 稳定通过不同界限温度初日(≥0℃、≥10℃、≥15℃、≥20℃)

新疆区域及北疆、天山山区、南疆各分区1971—2000年稳定通过≥0℃、≥10℃、≥15℃、≥20℃的年平均初日分别为3月15日、4月21日、5月17日、6月15日。1961—2010年,新疆区域平均的稳定通过≥0℃、≥10℃、≥15℃、≥20℃初日呈现一致的提前趋势,提前速率分别为1.01 d/10a、0.53 d/10a、0.84 d/10a、1.31 d/10a,≥20℃初日提前趋势最明显,其次是≥0℃初日,≥10℃初日提前趋势最弱。

北疆、天山山区、南疆各分区稳定通过不同界限温度初日与全疆的变化趋势一致,均呈现一致的提前趋势。北疆和南疆稳定通过≥20℃初日的提前趋势最明显,提前速率均超过1 d/10a;天山山区稳定通过≥15℃初日的提前趋势最明显,提前速率为2.17 d/10a。稳定通过≥0℃初日、≥10℃初日、≥20℃初日的提前趋势均以南疆最明显,提前速率分别为1.35 d/10a、0.64 d/10a、1.50 d/10a(见表4.1)。

表4.1 新疆区域及各分区稳定通过不同界限温度初日距平的变化趋势系数(d/10a)

区域	≥0℃初日	≥10℃初日	≥15℃初日	≥20℃初日
新疆	−1.008 *	−0.525	−0.835	−1.310 *
北疆	−0.776	−0.560	−0.875	−1.402
天山山区	−0.781	−0.624	−2.170 *	−0.890
南疆	−1.345 *	−0.642	−0.491	−1.496

注:带有 * 的表示通过0.05的显著性检验

4.3.2 稳定通过不同界限温度终日(≥0℃、≥10℃、≥15℃、≥20℃)

新疆区域及北疆、天山山区、南疆各分区1971—2000年稳定通过≥0℃、≥10℃、≥15℃、≥20℃的年平均终日分别为11月10日、10月4日、9月15日、8月19日。1961—2010年，新疆区域平均的稳定通过≥0℃、≥10℃、≥15℃、≥20℃终日呈现一致的推后趋势，推后速率分别为1.88 d/10a、1.01 d/10a、0.96 d/10a、0.49 d/10a，≥0℃终日推后趋势最明显，其次是≥10℃终日，≥20℃终日推后趋势最弱。

北疆、天山山区、南疆各分区稳定通过不同界限温度终日与全疆的变化趋势一致，均呈现推后趋势。各分区均表现为稳定通过≥0℃终日的推后趋势最明显，推后速率均超过1 d/10a。稳定通过≥0℃终日、≥10℃终日、≥15℃终日、≥20℃终日的推后趋势均以北疆最明显，推后速率分别为2.35 d/10a、1.68 d/10a、1.02 d/10a、0.76 d/10a(见表4.2)。

表4.2 新疆区域及各分区稳定通过不同界限温度终日距平的变化趋势系数(d/10a)

区域	≥0℃终日	≥10℃终日	≥15℃终日	≥20℃终日
新疆	1.867*	1.006*	0.964*	0.488
北疆	2.351*	1.675*	1.019	0.756
天山山区	2.251*	0.603	0.814	0.133
南疆	1.179*	0.569	0.999*	0.670

注：带有*的表示通过0.05的显著性检验

4.4 稳定通过不同界限温度初、终日间日数变化

新疆区域及北疆、天山山区、南疆各分区1971—2000年稳定通过≥0℃、≥10℃、≥15℃、≥20℃的年平均初、终日间日数分别为228.2 d、158.6 d、112.2 d、54.1 d。1961—2010年，新疆区域平均的稳定通过≥0℃、≥10℃、≥15℃、≥20℃初、终日间日数均呈现明显的增加趋势，增加速率分别为2.88 d/10a、1.79 d/10a、1.81 d/10a、2.07 d/10a，≥0℃初、终日间日数增加趋势最明显，其次是≥20℃终日，≥10℃终日增加趋势最弱。

北疆、天山山区、南疆各分区稳定通过不同界限温度初、终日间日数与全疆的变化趋势一致，总体上呈现明显的增加趋势。各分区均表现为稳定通过≥0℃初、终日间日数的增加趋势最明显，增加速率均超过2 d/10a。稳定通过≥0℃、≥20℃初、终日间日数的增加趋势以北疆最明显，增加速率分别为3.13 d/10a、2.29 d/10a；稳定通过≥10℃、≥15℃初、终日间日数的增加趋势以天山山区最明显，增加速率分别为2.42 d/10a、2.59 d/10a(见表4.3)。

表4.3 新疆区域及各分区稳定通过不同界限温度初、终日间日数的变化趋势系数(d/10a)

区域	≥0℃初、终日	≥10℃初、终日	≥15℃初、终日	≥20℃初、终日
新疆	2.879*	1.79*	1.809*	2.074*
北疆	3.133*	2.168*	1.932*	2.287*
天山山区	3.041*	2.420*	2.589*	0.967*
南疆	2.569*	1.191	1.4	2.277*

注：带有*的表示通过0.05的显著性检验

4.5 不同界限温度积温变化

新疆区域及北疆、天山山区、南疆各分区1971—2000年稳定通过≥0℃、≥10℃、≥15℃、≥20℃的年平均积温分别为3648.9℃·d、3149.2℃·d、2459.3℃·d、1319.1℃·d。1961—2010年，新疆区域平均的稳定通过≥0℃、≥10℃、≥15℃、≥20℃积温均呈现明显的增多趋势，增多速率分别为67.77℃·d/10a、56.89℃·d/10a、53.87℃·d/10a、55.38℃·d/10a，稳定通过≥0℃积温增多趋势最明显，其次是

稳定通过≥10℃积温，稳定通过≥15℃积温增多趋势最弱。

北疆、天山山区、南疆各分区稳定通过不同界限温度积温与全疆的变化趋势一致，总体上呈现明显的增多趋势。各分区均表现为稳定通过≥0℃积温的增多趋势最明显，增多速率均超过60℃·d/10a。稳定通过≥0℃、≥10℃、≥15℃积温的增多趋势均以北疆最明显，增多速率分别为76.50℃·d/10a、66.16℃·d/10a、60.00℃·d/10a；稳定通过≥20℃积温的增加趋势以南疆最明显，增多速率为63.17℃·d/10a(见表4.4)。

表4.4 新疆区域及各分区稳定通过不同界限温度积温的变化趋势系数(℃·d/10a)

区域	≥0℃积温	≥10℃积温	≥15℃积温	≥20℃积温
新疆	67.77*	56.89*	53.87*	55.38*
北疆	76.50*	66.16*	60.00*	60.18*
天山山区	64.77*	59.27*	58.63*	21.51*
南疆	60.37*	46.99*	46.15*	63.17*

注：带有*的表示通过0.05的显著性检验

第5章 新疆区域气候变化归因分析

气候的演变过程是自然因素和人为因素共同作用的结果。IPCC第四次气候变化评估报告指出，气候变暖已经是“毫无争议”的事实，人为活动“很可能”(90%)是导致气候变暖的主要原因。与全球变化类似，新疆区域气候变化也多是受自然因素和人为因素共同作用的结果。

5.1 气候变化归因的认识过程

气候变化的归因研究很大程度上依赖模式的发展，随着模式的发展，归因的确切程度也越来越高。在1990年IPCC发布第一次评估报告里面，只能够认定人类对气候产生影响的直接证据还非常有限。到了1996年第二次评估报告的时候，研究就已经发现了可以辨别的人类活动对气候的影响，但是这仅仅是一个定性研究，当时的研究水平还达不到定量的水平，自然也就无法与自然因素进行可靠比较。到2001年第三次评估报告的时候，有关人类活动对气候影响的相关证据已经越来越多，随着相关研究方法的发展，已经有了人类对气候的影响做定量分析的尝试。也就是在这个时候开始，研究人员才有可能对不同强迫因素的影响进行单独研究，判断哪个因素是可能的关键因素。对于单独的气候现象，也有可能来分析人类活动是不是造成了影响，什么程度的影响，是否是主要因素。在这些技术进步之下，第三次评估报告给出的结论，是“在考虑了新的证据，考虑了其余的不确定性的基础上，绝大多数在20世纪的最后50年所观测到的变暖现象，可能是温室气体浓度增加导致的。”

按照人们对气候的理解，气候变暖之后，预期会发生气候变化的极端事件。人们自然就会联想，这些极端事件与全球气候变化是否有关系。要回答这个问题还是很难的。要知道在一个稳定的气候环境里面，极端事件都是经常发生的，所以把某个极端事件归因于气候变化，是非常困难的，甚至有可能完全做不到。另外，造成一个极端事件发生的因素非常多，给评价本身也带来复杂性。目前的气候研究水平，还很难把具体某个地区某个季节的冷暖变化、某个具体的极端气候现象归因到气候变化上面。气候研究的是相对长时间内某种极端气候所出现的概率，对于某个具体现象，还是需要具体原因具体分析的，除非有很充分的研究，不应该轻易归因。

5.1.1 自然因素影响

自地球形成初期以来，地球上的气候就不断地经历着冰期(冷)与间冰期(暖)交替循环的自然变化。气候的形成和变化是受多种因素的影响和制约，地质时期气候演变主要是由自然因素驱动力所控制，而近代气候变化是受自然因素和人为因素共同作用的结果，其中自然因素又可以分为：①地球外部因素(如太阳辐射、轨道参数、地外物体撞击等)，②地球内部因素(如海陆分布、山川变迁、火山活动等)，③地球系统内部的反馈作用(如“海洋—大气—陆地—海冰”耦合作用、遥相关作用等)。

5.1.2 人为因素影响

在IPCC第一次评估报告中指出，近百年的气候变化可能是自然波动或人类活动或二者共同影响造成的；在第二次评估报告中指出，定量表述人类活动对全球气候的影响能力仍有限，且在一些关键因子方面存在不确定性。但越来越多的各种事实表明，人类活动的影响已被觉察出来；在第三次评估报告中指出，新的、更强的证据表明，过去50年观测到的大部分增暖“可能”归因于人类活动(66%以上可能性)；在第四次评估报告中指出，人类活动“很可能”是气候变暖的主要原因(90%以上可能性)。IPCC从2001年第三次评估报告中的66%提高到90%以上，进一步从科学上确认了人类活动引起全球气候变暖的事实。

近代气候变化是受自然因素和人为因素共同作用的结果，其中人为因素又可以分为：④增强的温室效应（如 CO_2、CH_4 等温室气体的大量排放），⑤大气气溶胶效应（如工业生产和汽车尾气等造成的大量硫酸气溶胶、黑碳气溶胶、矿物气溶胶等），⑥土地利用变化（如城市化发展、森林退化等）。

5.2 城市化进程和绿洲生产规模变化对区域气候变化有一定影响

5.2.1 乌鲁木齐—昌吉地区的城市化发展对地表变化温度影响

人类活动导致土地利用类型改变进而对气候产生影响的很多研究都集中在城市化的热岛效应方面。水泥地面的铺设以及建筑物群吸收热量，阻挡蒸发，使温度升高。利用乌鲁木齐—昌吉地区 3 个城市气象站和 3 个郊区气象站 1976—2008 年的气温观测资料，分析了乌鲁木齐及周边城市发展的热岛效应（李景林，2010）。结果表明，33 年来乌鲁木齐—昌吉地区城市化对城市地面平均气温具有显著影响，气温随年代递增率城市大于农村，城市和郊区年平均气温递增率分别为 0.79 和 0.38℃/10a；城市气温的极端性趋于弱化，近 33 年地面气温递增的最主要表现是城市平均最低气温明显上升，城市和郊区年平均最低气温的递增率分别为 1.12 和 0.41℃/10a；城市气温日较差呈明显的下降趋势，郊区却略呈上升趋势；城市寒冷日数减少的趋势大于农村，城市采暖季最低气温随年代的递增趋势最为显著，采暖季城市和农村平均最低气温的递增率分别是 1.46 和 0.57℃/10a；年平均热岛强度递增率为 0.71℃/10a，冬季为 1.06℃/10a，秋、春和夏季分别为 0.63、0.57 和 0.46℃/10a。热岛强度夜间强、白天弱，02:00、08:00、14:00 和 20:00 的平均热岛强度分别为 2.9、2.9、0.0 和 3.0℃，其中 02:00 和08:00 热岛强度递增率分别是 1.17 和 1.13℃/10a，20:00 为 0.70℃/10a，冬季没有逆温的状况下，市区高温区与繁华区相吻合，城区中心的温度比郊区高 3～4℃。

5.2.2 灌溉对局地气候产生影响

人类的另一类土地利用——种植却在起与“热岛效应”相反的作用。基于局地气候的变化与灌溉面积的大小和强度的密切关系，概述了大面积灌溉使温度降低并且诱发局地降水、对云和局地灾害性天气的影响等方面的研究进展（崔彩霞，2006），指出，加州是美国最大的农业州，13.5%的州土地，或者说 34000 km^2 的土地是农业灌溉土地。2006 年美国加州 Merced 大学的自然生态系统科学家 Lara Kueppers 率领加州圣克鲁兹（Santa Cruz）大学的研究团队用区域气候模式研究两种截然不同的地貌：天然的植被和包括现代农地及都市进行研究。发现灌溉可以有效地降温，特别是在酷热的夏天。平均来说，有灌溉作物的农地在八月的平均温度比以往降了 3.7°C，而且最高温度平均降了 7.5°C。

新疆气候干旱少雨，年降水量为 100～300 mm，年蒸发能力为 2000～4000 mm，属内陆干旱地区，因此是典型的荒漠绿洲灌溉农业区，没有灌溉就没有农业。新疆农业分布于大大小小、星罗棋布的数百块被沙漠戈壁包围的 7 万多平方千米的绿洲之中。新疆用水总量中农业用水占 97%，灌溉面积占耕地面积的 90%以上。农田灌溉平均用水量为 11865 m^3/hm^2，远高于国内平均水平。另外，为保证绿洲内防护林建设及绿洲——荒漠过渡带天然绿洲的防护功能也需要消耗大量用水，这种大范围的灌溉改变土壤湿度进而对局部气候产生了影响。灌溉过的土地就是一个水汽源，在系统性天气来临时增加大气中的水汽，在其他降水条件具备时增加降水的几率；在没有系统性天气的情况下，在地形等引起的局地环流（山谷风）的作用下，这些人类活动带来的水汽会被带到山区，在地形的抬高作用下更容易导致降水。近 50 年来，塔里木河源流区进行了大面积的水土开发，灌溉面积大幅度增加，降水偏多显著，气候变湿幅度在全疆最大。

5.3 区域暖湿化的环流成因初探

近半个世纪以来气温升高，新疆各区域降水均增加，阿克苏河流域的增湿幅度在全疆最为显著，北疆地区夏季降水增加也较明显。在全球增暖背景下，新疆增湿的成因与产生降水的动力条件、水汽条件等变化有关。

动力条件:欧亚范围极地冷空气偏强,中亚低值系统活跃是新疆降水偏多的主要原因。新疆1987—2003年湿润期的垂直运动较前期干旱期(即1961—1986年)有明显不同,经圈环流上的最大差别是在新疆西部垂直上升运动增强,这非常有利于降水的增加(赵兵科,2006)。阿克苏河径流变化与北大西洋涛动(NAO)存在多尺度相似特征和相关性。在夏季NAO高值年,经向环流增强,有利于高纬的冷空气南下,阿克苏河流域夏季气温降低、降水减少。在夏季NAO低值年,有利于流域温度增高,降水增多(李红军,2009)。

水汽条件:对流层中、低层索马里急流—阿拉伯半岛东南部—中亚和新疆三段式水汽接力输送是年代际降水偏多的重要水汽输送机制,索马里急流和热带印度洋是中亚和新疆年代际增湿的重要水汽补充源地之一(杨莲梅,2007)。

地表热强迫:南疆夏季降水与青藏高原北部地表潜热通量有密切关系,南疆夏季降水偏少年和偏多年的前期冬、春季孟加拉湾、青藏高原和南疆地区地表潜热通量具有相反的变化,南疆夏季降水与高原北部地表潜热通量呈显著正相关,与南部地表潜热通量呈反相关关系(杨莲梅,2007)。

第6章　区域未来气候变化趋势预估

IPCC 第四次评估报告指出，近百年来地球气候正经历着一次全球变暖为主要特征的显著变化(Solomon *et al.*，2007)。而人类活动很可能是全球气候系统变暖的主要原因。气候变化对农业生产、水资源和生态系统有着直接的影响，与人们赖以生存的地表环境条件息息相关，也引起了科学家和各级政府的高度关注。

未来50～100年全球地表气温将继续上升。东亚地区21世纪也表现为明显的增温。和全球一样，21世纪中国地表气温将继续上升，其中北方增温大于南方，冬春季增温大于夏秋季。与2000年比较，2020年中国年平均气温将增加1.1～2.1℃，2030年增加1.5～2.8℃，2050年增加2.3～3.3℃。降水量也呈增加趋势，预计到2020年，全国平均年降水量将增加2%～3%，到2050年可能增加5%～7%。降水日数在北方显著增加，南方变化大。降水变化时空变率较大，不同模式给出的结果差异明显(《气候变化国家评估报告》编写委员会，2007)。

IPCC 组织各国专家先后给出了不同的温室气体排放情景。2000年 IPCC 第三次评估报告公布了《排放情景特别报告》(SRES)，发布了一系列新的排放情景，即 SRES 情景。

IPCC 第四次评估报告引用20多个复杂的全球气候系统模式对过去和未来的全球气候变化进行了模拟。大部分模式都包含了大气、海洋、海冰和陆面模式，考虑了气溶胶的影响；在20世纪气候模拟试验(20C3M)中，模式考虑了自然因子和人类活动的共同影响，主要包括火山爆发、太阳活动、土地利用变化、各种温室气体、气溶胶、臭氧等。

6.1　未来新疆气候变化分析

6.1.1　新疆未来气候变化预估数据来源

未来100年预估数据来源于2009年11月中国气象局对外发布的《中国地区气候变化预估数据集2.0》，这是中国气象局气候变化中心对参与 IPCC AR4 的20多个不同分辨率的全球气候系统模式的模拟结果经过插值降尺度计算，将其统一到同一分辨率(1°×1°)下，对其在东亚地区的模拟效果进行检验，利用加权平均的方法进行多模式集合，制作成一套1901—2100年月平均资料《中国地区气候变化预估数据集2.0》，提供给从事气候变化影响研究的科研人员使用。这套数据集包含的主要是月平均数据，即全球气候模式平均温度和降水集合平均值数据。

基于这些数据，分析了多模式集合对东亚地区的模拟能力，结果表明，多模式集合平均值明显优于单个模式的模拟值，与观测值的相关性明显提高，尤其是降水(许崇海等，2007)。选择 IPCC 模式多模式集成的三种不同排放情景的月平均格点数据，分别为 SRES A2 情景、SRES A1B 情景和 SRES B1 情景。选择区域内的格点平均作为区域平均。选取与 IPCC 第四次评估报告同样的基准时段(1980—1999年)作为气候平均值。

6.1.2　不同情景下新疆地区21世纪降水变化预测

降水年际变化预测，图6.1给出了 SRES A1B、SRES A2、SRES B1 情景下，21世纪新疆地区降水年际变化序列。虽然各个模式间的模拟结果差异较大，但是整体上新疆地区降水呈现增加的趋势。21世纪不同时期内平均降水都呈现一定的增加趋势；在21世纪前半叶，平均降水量增加幅度不会很大，2041—2050年，SRES A1B、SRES A2 情景下，新疆地区年平均降水增加5%左右，此后降水持续增加，到21世纪末达到10%以上。SRESA2 情景下降水增加趋势较小，2050年以后降水增加幅度基本维持在9%左右。

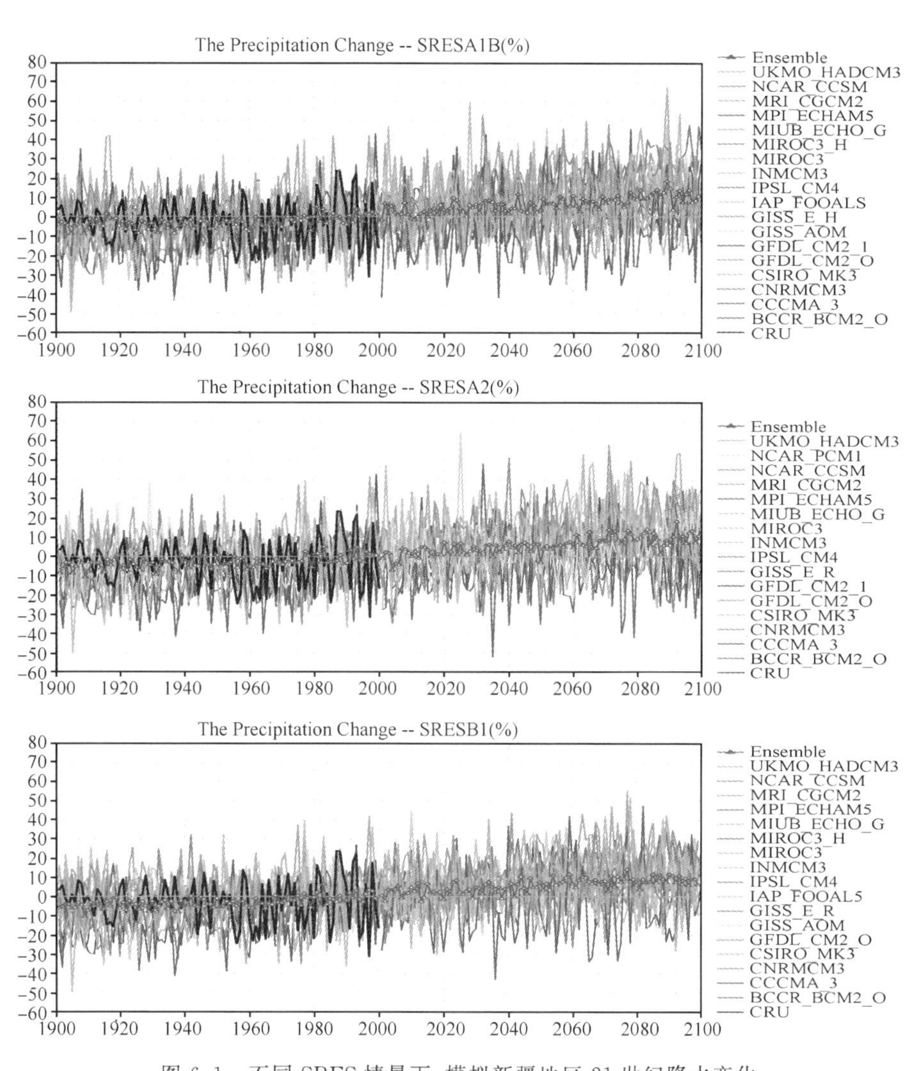

图 6.1　不同 SRES 情景下，模拟新疆地区 21 世纪降水变化

6.1.3　不同情景下新疆地区 21 世纪温度变化预测

温度年际变化预测：在 IPCC 所设定的三种排放情景 SRES A1B、SRES A2、SRES B1 的基础上，模拟结果表明 21 世纪新疆地区温度将进一步增加，只是增温幅度存在一定差异。图 6.2 为 SRES A1B、SRES A2、SRES B1 情景下，新疆地区 21 世纪温度变化曲线。三种不同情景下，在 2030 年以前，增温幅度基本保持一致。2030 年以后，三种情景下温度增加趋势开始出现差异。对年平均温度来说，21 世纪初期(2001—2020 年)温度增加幅度在 0.5～0.9℃；21 世纪前期(2021—2030 年)，温度增加幅度在 1.2℃左右；到 21 世纪中期(2051—2060 年)，SRES A1B 情景下新疆地区温度将增加 2.7℃，SRES A2 情景下温度将增加 2.5℃，而 SRES B1 情景下温度将增加 1.9℃；到 21 世纪末(2091—2099)，SRES A1B 情景下温度将增加 4.2℃，SRES A2 情景下温度将增加 5.0℃，而 SRES B1 情景下温度将增加 2.7℃。新疆地区的增温幅度在各个时期都高于同期整个中国地区增温幅度。

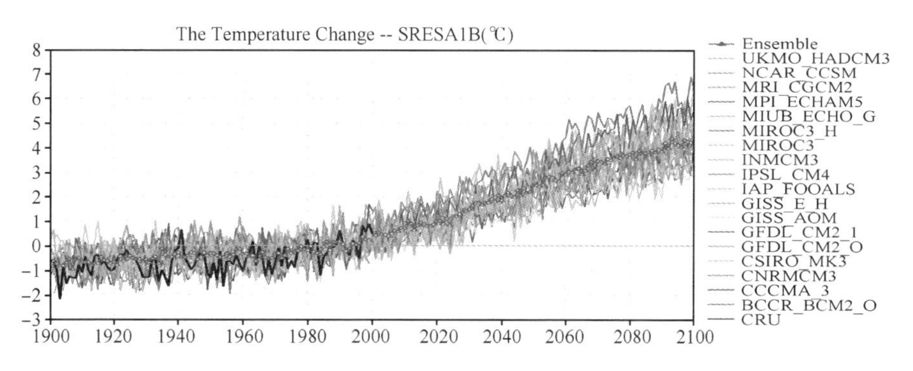

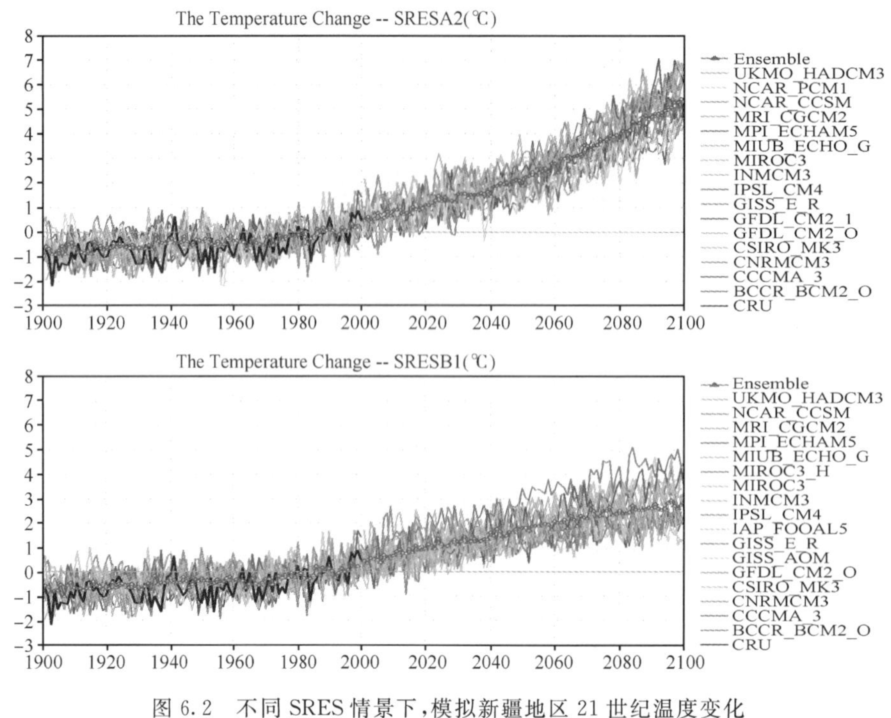

图 6.2　不同 SRES 情景下，模拟新疆地区 21 世纪温度变化

6.2　用树木年轮恢复资料进行 2008—2030 年气候预估

6.2.1　天山北坡西部地区年降水量预估

选取博尔塔拉蒙古自治州的博乐、温泉和精河三个气象站的年平均降水量为对象，重建了博州三站平均的 1519—2003 年共 485 年的年降水量长序列。利用博乐、精河、温泉、沙湾、乌苏、克拉玛依、石河子、玛纳斯、呼图壁和乌鲁木齐共 10 个气象站 1967—2003 年的平均年降水量代表天山北坡西部与博州年降水量重建序列进行相关分析，发现相关系数为 0.628，达 0.0003 的显著性水平，说明该序列可以代表天山北坡西部地区的年降水状况。进一步采用方差分析周期叠加方法对博州 2008 年以后的年降水量进行预测。结果显示：在 2008—2010 年多于常年，为偏湿阶段；2011—2020 年则少于常年，为偏干阶段，在 2014 年前后出现年降水量的最干年份；2021—2030 年博州年降水量多于常年，为偏湿阶段，在 2023 年前后出现博州年降水量的最湿年份。

6.2.2　天山北坡东部上年 7 月至当年 6 月年降水量预估

选取东天山的吉木萨尔、奇台、木垒三个气象站上年 7 月至当年 6 月降水量为对象，重建了 1728—2006 共 279 年天山北坡东部地区三站上年 7 月至当年 6 月的降水量序列，代表天山北坡东部的年降水状况。进一步采用方差分析周期叠加方法对天山北坡东部地区 2008 年以后的年降水量进行了预测。结果显示：2008—2030 年间，2008—2011 年降水量偏少，为偏干阶段；2012—2018 年天山北坡东部的降水量较常年偏多，为偏湿阶段，在 2015 年前后出现最湿年份；2019—2030 年东天山的降水量偏少，为偏干阶段，最干年份出现在 2030 年左右。

6.2.3　新疆北部及天山山区植物生长季(5—8 月)温度重建及其特征分析

选取新疆北部及天山山区 33 个气象站的 5—8 月平均温度为重建对象，以 1960—2008 年为校准期，利用塔城、伊犁、阿勒泰、乌鲁木齐河源等 5 个树轮密度年表序列的均值，重建了新疆北部及天山山区 1656—2008 年共 353 年的 5—8 月平均温度序列。新疆北部及天山山区 5—8 月温度在 2012—2017 年以偏暖为主，在 2018—2030 年为偏冷阶段。

第7章 不确定性分析

确定全球变暖的原因，特别是区分自然因素和人类活动因素，不仅是非常困难的，在某种意义上甚至是难以实现的。自然与人类驱动因子的变化及其相互作用发生在非常广的时空范围，反馈机制复杂，就目前的认知水平而言，难以量化并区分人为和自然因素导致的气候变化。IPCC 对气候变化归因的认识是逐步深化的。不断深化的认识和科学水平的提高有关。前两次结论的依据是单一的全球平均地表温度序列，第三次结论的依据则不仅是地表温度的分析，对检测和归因研究作了更复杂的统计分析，AR4 不但提高了结论的信度，而且检测与归因研究在空间尺度和气候变量方面也有发展，对人类活动的检测和归因扩展到六大洲(南极洲未涉及)，并将可辨别的人类活动影响扩展到了气候系统其他圈层。如海洋变暖、大陆尺度的平均温度、温度极值和风场、冰雪圈等等。人类活动是造成过去 50 年全球气候变暖的结论更具说服力(秦大河，2008)。

7.1 区域气候变化研究结果的不确定性来源分析

气候变化研究结果的不确定性主要来自以下几个方面：(1)观测资料的不确定性，主要包括观测的随机误差和系统误差，观测环境变化等造成的资料不均一。新疆测站密度相对我国中东部地区较稀疏，空间分布不均匀，同时采用不同资料处理方法计算结果也有差异。(2)气候模式和影响评估模型的不确定性。气候模拟效果存在区域差异，尤其对新疆等复杂地形区域未来气候情景预估结果的不确定性较。(3)排放情景的不确定性，包括温室气体和气溶胶等排放和估算的不确。(4)"认知"因素：限于目前认知水平，对气候系统或气候影响的某些方面了解不够全面，科学定量区分新疆区域气候变化中自然因素与人类活动的贡献率有较大难度。

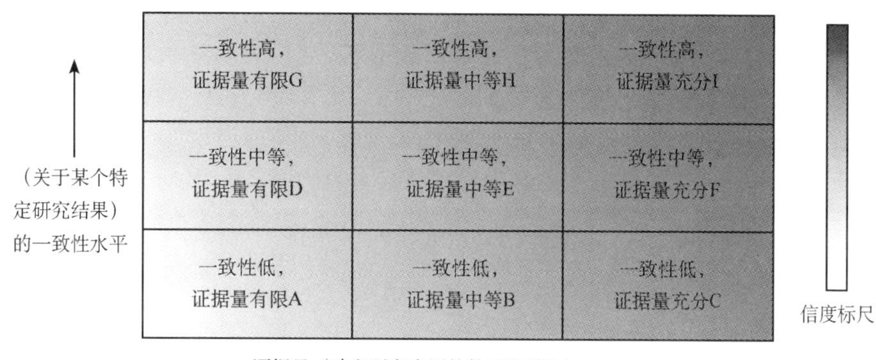

图 7.1 气候变化研究的一致性与可靠性示意图

对于《报告》中有关观测到的趋势，通过资料质量控制，选取代表性站点等降低了资料误差，但观测环境变化、数据分析方法等对分析结论仍有影响。因此，其结论应处于图 7.1 中 H 的位置：一致性高，证据量中等。

全球气候模式集合平均模拟的地面年平均气温和年平均降水量，在气候平均值的模拟上与实况较为接近，但对地形复杂区域气候变率和极端气候事件的模拟与观测实况相比有较大的误差。因此，气温和降水的预估结论应处于图 7.1 中 E 的位置：一致性中等，证据量中等。

《报告》对不同领域的影响评估，由于文献数量有限，所使用的评估方法、资料和年代不同，影响评估结论有较大差异。因此，对此部分的评估结论应处于图 7.1 中 D 的位置：一致性中等，证据量有限。

7.2 观测资料的局限性

观测资料的不确定性，主要包括观测的随机误差和系统误差，观测环境变化等造成的资料不均一。不论采用何种检测和归因分析方法，都需要利用现有的长时间序列气候观测资料。在当前观测资料完整性、均一性、连续性和可靠性存在明显缺陷的情况下，开展气候变暖成因研究困难十分突出（任国玉，2008）。

高时空分辨率、长时间序列的温度记录是分析全球气温变化的基础。具有高时空分辨率的温度记录只有器测记录，而其时间序列最长不过100多年；代用资料的时间序列较长，但大多不能描述十至百年时间尺度及其以下的变化和趋势；20世纪中期以前的高质量器测资料也比较缺乏。2001年IPCC第三次评估报告提出“20世纪可能是过去1000年增温最大的100年”的结论即引发了科技界的争论，不少学者提出了异议。但6年后的IPCC第四次评估报告在上述问题并未解决的情况下却将结论进一步拓展为“20世纪下半叶北半球的平均温度很可能是过去1300年中最暖的50年”，并没有解决、反而可能进一步扩大气候变化的争议（陈泮勤，2010）。

气候资料序列的非均一性问题难以得到满意解决；城市化对地面气温记录的影响难以完全分离，现有的全球和区域陆面气温序列中还不同程度地保留着城市热岛效应增强因素的影响；高空气温变化分析还存在很多问题，探空温度资料序列和卫星遥感资料序列的可靠性仍需不断提高；区域土地利用变化对地面气温变化的确切影响还不很了解，这个影响在大多数用于检测和归因分析的气候模式里也没有包含；一些重要的外强迫因子，如太阳输出辐射、火山活动和气溶胶浓度等，其全球和区域性真实历史变化规律还不清楚。

新疆区域的器测资料时间50多年，选用的可用站点89个，主要分布在平原绿洲地区，山区站点更加稀少。相对于我国中东部地区而言，新疆区域气候变化研究难度更大，也不可避免地带来了不确定性因素。

采用多元回归结合GIS空间插值的方法对新疆区域气温数据进行栅格化研究（陈鹏翔，2012）。建立了年平均气温与台站经纬度和海拔高度的多元回归模型，对于残差数据的插值采用了反距离权重法（IDW）、普通克立格法（Kriging）和样条函数法（Spline）3种目前应用广泛的空间插值方法，针对于这3种方法进行了基于MAE和RMSIE的交叉验证和对比分析，结果表明在新疆年平均气温的GIS插值方案中，IDW方法精度总体要高于其他两种插值方法。用IDW方法方法对新疆尽可能多的站点1961—2010年的逐年平均气温进行栅格化处理，在计算全疆50年的温度变化趋势（0.25℃/10a），与该《报告》中使用89站算术平均值计算的全疆区域温度变化趋势（0.32℃/10a）有明显差异（图7.2）。

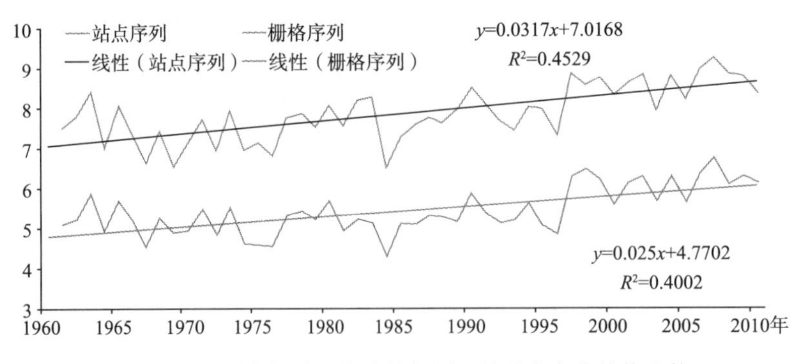

图7.2 不同资料处理方式的新疆区域温度变化趋势比较

7.3 气候系统模式和影响评估模型还有待改进

近20年来气候模式发展较快，对全球和区域气候已具有一定模拟能力。但总体上看气候模式对温室气体等外强迫因子的敏感性问题仍没有很好解决。这主要和观测资料的缺乏、观测资料的偏差以及人们对气候系统运行机理的了解不充分有关。由于气候模式本身的问题，同时也由于缺乏可靠的关键外强迫因子历史时间序列，利用气候模式进行全球和区域气候变暖的检测和归因分析，其结果也就不能完全令人信服(任国玉，2008)。气候模拟效果存在区域差异，尤其对新疆等复杂地形区域未来气候情景预估结果的不确定性较大。

迄今为止，中国所进行的气候变化影响评估，还存在较大的不确定性。这是因为在区域和地区级尺度上，气候变化模拟的不确定性则更大。其中进行多模式集合是减少不确定性的一个重要方面，未来需要在改进模式的基础上，进行多全球—多区域模式的模拟，以得到新疆地区未来气候变化更多和更可靠的信息，并最终为气候变化的影响评估和适应服务。影响评价的方法也不完善，多数评估模型为静态模型，没有进行充分的参数率定和验证。

为减少评估的不确定性，需要改进全球气候模式的预估，发展适合中国区域特征，甚至是更小尺度的新疆区域气候模式方法；大力发展由中国自行研制的影响评估模型，对于引进的模型，进行充分的验证和改进。

7.4　未来排放情景的不确定性

排放情景的不确定性，包括温室气体和气溶胶等排放和估算的不确定性从 IPCC 第一次评估报告到第四次评估报告，温室气体的排放情景已发生了很大变化，但第四次评估报告中的 6 种情景是否能够概括未来可能的排放？更为重要的是 IPCC 并未给出每一种排放情景可能发生的概率。不给出发生概率就意味着我们要全方位应对每一种排放，这样的预估没有太多实际意义。再者，没有一个模式能够预测到 2008 年的全球金融危机导致的全球能源消费急剧下降、进而导致温室气体排放量的下降。

IPCC 中的“气候预估”仅仅是假定某种排放情景下，可能发生的气候变化，相当于一个数值试验。它既不是未来全球排放的真实情景，也不是未来气候的真实情景，更不是人类和自然因子共同驱动下导致的未来气候变化。从多方面看，气候预估结果存在非常大的不确定性。

7.5　认识上的不确定性

人们对气候系统运行机理的认识还不完善。气候系统包含了大气、水、冰雪、生态、固体地壳以及人类社会等多个圈层，不同圈层之间存在着复杂的相互作用，特别是具有复杂的物理、化学与生物反馈作用(丁一汇，任国玉，2008)。这些反馈过程包括水汽反馈、云层反馈、冰冻圈反馈、海洋反馈、陆地生态系统反馈等，目前对其认识还处于初始阶段。如在过去的 50 多年里，世界许多地区蒸发皿蒸发量呈现明显减少趋势，我国大部分气象台站也记录到水面蒸发显著减弱的现象(丁一汇，任国玉，2008；任国玉，2005)。不管造成水面蒸发减少的原因是什么，如果观测点附近的陆地实际蒸发也减弱了，那么这一过程将对地面气温上升产生增幅作用。遗憾的是，现在对于水面和陆地实际蒸发的许多问题还没有了解清楚。云和大气水汽的情况更为复杂。目前一般认为，气候变暖将导致海洋上蒸发加强，大气水汽含量增加，水汽反馈将进一步增强变暖。但如前所述，如果观测的部分地区大气水汽增加是由人类活动直接引起的，而不全是温度)水汽反馈作用的结果，则气候系统对 CO_2 等温室气体的敏感性就应比目前估计的要低。

对气候系统运行机理的认识是气候变化检测、归因和预估研究的关键所在，有几个重要的不确定性问题，即：驱动因子及其变化；气候系统对驱动力变化的响应；气候模式的模拟能力问题。目前科技界对上述 3 个问题的认知是非常粗浅的。第一，我们不知道未来百年有哪些驱动因子会发生什么样的变化；第二，为了响应驱动因子的变化，气候系统会引发什么样的物理、化学和生物学过程及其相互作用过程的变化，从而形成一种新的气候状态；第三，用什么样的模式可以真实地刻画由驱动因子变化引发的气候变化。因此，在这样的认知水平下做出的气候预估，其不确定性是很大的。

第二篇 影响评估与适应

第8章 气候变化对水资源的影响适应

水是影响人类生存的首要问题，也是制约和影响新疆经济社会发展与生态环境保护的关键因素。新疆位于中国的西北地区，地域辽阔，东西最长达1900 km，南北最宽为1500 km，面积约166万km^2，约占中国陆地面积的六分之一。新疆地形复杂，地处欧亚大陆腹地，四面高山环抱，北有阿尔泰山，南有昆仑山系，中有横亘全境的天山，三山环抱中为广袤的准噶尔盆地和塔里木盆地，构成了“三山夹两盆”的独特地理环境和脆弱的生态系统。新疆是典型的干旱、半干旱地区，境内高山、盆地、沙漠广布，河流纵横，气候多变，水资源分布极不均匀。有水就有绿洲，无水则成荒漠。绿洲是干旱区人类赖以生存的基础。荒漠绿洲是干旱区的主要特征，对水具有明显的依赖性。新疆水资源问题多年来一直受到社会各界和科学领域的广泛关注。

8.1 水资源概况

新疆水资源包括三种相态，即气态、液态和固态。气态水资源主要指蕴藏在大气中源源不断地流经新疆区域的空中水汽。液态水资源主要包括地面降水、河水、湖水和地下水，是水资源利用的主要形式。固态水资源主要包括高山积雪和冰川，又称为固体水库，对水资源起到一个调节作用。

8.1.1 空中水资源

空中水汽是水资源的一个重要组成部分，是新疆所有淡水资源的主要来源。空中水汽在一定的条件形成降水，而降水是水分循环过程中的一个重要分量，是新疆所有形式的地表水、地下水和高山积雪冰川等水体的补给源，决定着新疆水资源总量，而且其时空分布及变化直接影响着新疆的水分布状况、河川径流形成等，直接关系到新疆的生态环境与经济社会发展。空中水汽是新疆各类水资源的根本补给源。从地面到300 hPa，每年平均有26100亿吨水汽流入新疆，25600亿吨水汽流出新疆，新疆地区净水汽收入量为467亿吨。

8.1.2 地表径流

新疆大小河流共有570条，年径流量为794亿m^3，其中年径流量超过10亿m^3的大河只有18条，南北疆各有9条。新疆水资源主要产生于山区。绝大部分为内陆河流，河流多，流程短，水量少。新疆地表径流主要集中在夏季(6—8月)，约占全年水量的50%～70%。新疆河流地表径流量年际变化较平稳，最大水年与最小水年河流径流量比值在1.3～4.0之间，变差系数Cv在0.1～0.5之间，年际变幅比我国北方许多大河流小。新疆地表水资源分布极不均匀，有水就有绿洲，无水则成荒漠。绿洲是干旱区人类赖以生存的基础，荒漠绿洲是干旱区的主要特征，对水具有明显的依赖性。根据上述基本特征，新疆的径流分布划分成阿尔泰山区、准噶尔西部山地、天山山区和帕米尔——昆仑山山区4个自然地理区域。

8.1.3 冰雪水资源

在新疆的水资源构成中，冰川和积雪形成的冰川水资源和积雪水资源占有重要地位。新疆地区的冰川资源是世界上其他干旱地区不能比拟的。在新疆干旱的盆地周围高山发育有冰川，这是一种特殊形式的水资源。根据《简明中国冰川目录》和《中国冰川目录》资料，新疆共发育冰川 18311 条，面积 24721.93 km^2，冰储量 2623.4711 km^3，折合成水储量(即冰川固态水资源量)为 23611.2 亿 m^3，约占全国冰川总储量的 46.8%，位居第一(李忠勤，2010)。天山是我国冰川分布最集中的山区，约占新疆冰川总面积的 75%；阿尔泰山是我国冰川分布最北地区，是额尔齐斯河补给源。积雪冰川融水量是塔里木河的主要水源。

冬春积雪资源是新疆重要水源之一。新疆是中国季节积雪储量最丰富的省(区)之一，年平均积雪储量为 181 亿 m^3，占全国的 1/3。新疆各地降雪分布不均，降雪比重最大的是新疆北部的阿尔泰山和准噶尔西部山地。冬雪历时 5 个月(11 月至翌年 3 月)，山区的年降雪量平均为 270 mm，占全年降水量的 46%。在新疆，融雪对河流水文情势影响最大的是阿尔泰山区、准噶尔西部山地和帕米尔地区。

8.2 气候变化对空中水资源的影响

8.2.1 流经新疆的水汽气候特征及其变化

利用 1961—2000 年美国 NCEP/NCAR 的逐日四次再分析资料(2.5°×2.5°)，分别计算包含新疆的矩形区域 16 个边界的水汽输送。每年平均有 24421 亿吨水汽流入新疆，23795 亿吨水汽流出新疆，新疆地区净水汽收入量为 626 亿吨(图 8.1)，西、南和北边界为流入边界，东边界为流出界，由于新疆地形的原因对流层中层水汽输送量最大，低层和高层水汽输送量相当，低层的为水汽净输出，中、高层为水汽净输入。近 40 年新疆上空水汽总流入量、总流出量为减少趋势，且变化率几乎一致，1964 年以后净收入量无显著变化趋势。

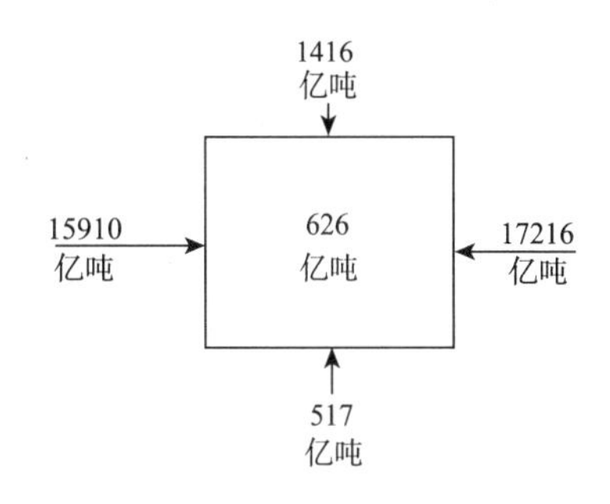

图 8.1 新疆地区整个对流层各边界 1961—2010 年年平均水汽输送及水汽收支

从季节变化来看，夏季流经新疆的水汽输送量最大，总流入和总流出量分别占全年的 38.5%和 38.9%。春、秋季次之，且输送量相当，占全年的 23%～25%，冬季水汽输送量最小，为全年的 13%左右。夏季西、南和北边界为流入边界，东边界为流出界，对流层低层为净水汽流入，中、高层为净流出。秋、冬季西和南边界为流入边界，北和东边界为流出界，春季西和北边界为流入边界，南和东边界为流出界，春、秋和冬季对流层低层为水汽净流出，中、高层为水汽净流入。由于新疆三面环山的地形，四季均为对流层中层水汽输送量最大。

1961—2010 年来年、春、夏、秋季北边界水汽输入和东边界水汽输出均于 1976 年发生了年代际减弱，春、夏、秋季对流层总流入和总流出量均呈显著减少趋势，总流入和总流出量变化率很接近，导致净收入量无显著变化趋势。冬季对流层总流入、总流出量和净收入量均无显著变化趋势。

8.2.2 大气可降水量的气候特征及其变化

春、秋季新疆地区 1961—2010 年平均的整层大气可降水量的空间分布特征为，春季塔里木盆地和准噶尔盆地为大气可降水量两个高值区，阿勒泰山、天山和昆仑山为低值区，塔里木盆地最大中心位于盆地东北部值达 16 mm，大气含水量最大区域却为降水量最小区，表明新疆极端干旱区的空中水汽并不缺乏，降水量少是由决定降水产生的其他因素决定的。准噶尔盆地最大值达 10 mm，新疆区域可降水量等值线大体沿纬圈分布。

夏季与春秋季大气可降水量的空间分布特征一致，但是夏季各地的平均可降水量均比春秋季有明显增加，是全年水汽含量最多的季节，北疆盆地中心值达 20 mm，比春季增加 1 倍，天山山区值达

16 mm，比春季增加 10 mm，南疆盆地达 24 mm，大气含水量最大区域仍然为降水量最小区，表明夏季降水最少区域的空中水汽并不缺乏，南疆降水少于北疆的根本原因不在于水汽的多少，而是由降水产生的动力条件、水汽辐合和其他因素差异决定的。

冬季大气可降水量的气候平均分布，空间分布仍然为南、北疆盆地为大值区，北部阿勒泰山、中部天山和南部昆仑山为低值区，但水汽含量是一年中最小的，远比夏季小，山区上空的可降水量仅为夏季的 1/8～1/4，北疆盆地为夏季的 1/5，南疆盆地约为夏季的 45%左右，可见，冬季是新疆上空大气可降水量最少的季节，为 2～10 mm，与同纬度的西北地区东部和华北地区(为 3～10 mm)接近。

在新疆区域，塔里木盆地和准噶尔盆地为大气可降水量两个高值区，阿勒泰山、天山和昆仑山为低值区，塔里木盆地最大中心位于盆地东北部值达 16 mm，准噶尔盆地最大达 12 mm，山区为 4～10 mm，与春秋季气候分布特征十分近似。大气含水量分布与降水量分布相反，其最大(最小)区域却为降水量最小(最大)区，表明决定新疆降水差异的根本原因不在于水汽的多少，而是由决定降水产生的动力条件、水汽辐合和其他因素差异决定的。

8.3 新疆区域面雨量变化

8.3.1 新疆降水基本情况

新疆区域面雨量多年平均值为 2760 亿吨，年平均降水量 165.5 mm。北疆、天山山区和南疆的面雨量以及占全疆总面雨量的比例见表 8.1，其中天山山区面积虽小，但面雨量最大，是新疆的主要水源区；南疆地区面积很大，但面雨量却明显少于天山山区和北疆，是新疆最干旱的区域。

表 8.1 不同区域的面雨量、区域面积、平均降水量值

	北疆地区	天山山区	南疆地区	总计
面雨量(亿吨)	934.0	1101.5	689.1	2757.3
所占比例(%)	34.3%	40.4%	25.3%	
面积(km^2)	336815	269275	1040293	1646383
所占比例(%)	20.5%	16.3%	63.2%	
平均降水量(mm)	277.3	409.1	66.2	165.5

8.3.2 面雨量变化

1961—2010 年新疆区域面雨量呈显著上升趋势(图 8.2)，线性趋势变化率为 173 亿 m^3/10a。面雨量最大年份出现在 2010 年，高达 4225 亿 m^3，最低年份为 1985 年约为 1964 亿 m^3，相差约 2.2 倍。

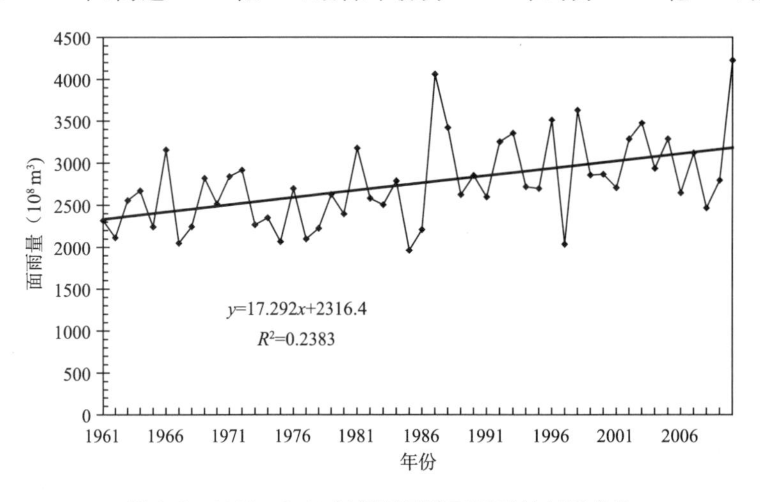

图 8.2 1961—2010 年新疆区域面雨量的年际变化

从不同季节面雨量的年代变化可以看出，春、夏、秋、冬四季面雨量变化都呈现出一种增长的趋势（表 8.2）。从降水增幅趋势看，增长最明显的是冬季，秋季次之；春、夏两季相当。20 世纪 80 年代中后期至今降水呈现出明显偏多的趋势，1986—2010 年比 1961—1985 年春、夏、秋、冬各季分别增加 18.5%，18.9%，26.0%，40.4%，这期间年平均面雨量达 3027 亿 m^3，比前期的 2488 亿 m^3 增加 21.7%，比 50 年平均值增多 9.8%。

表 8.2 新疆面雨量各季节年代际变化（单位：10^8 m^3）

	春	夏	秋	冬	年
1961—1970	602.3	1368.0	381.2	117.9	2469.4
1971—1980	576.3	1299.5	428.5	145.0	2449.3
1981—1990	677.3	1473.5	527.5	140.6	2818.9
1991—2000	659.0	1714.5	403.8	176.0	2953.3
2001—2010	775.3	1532.8	667.6	192.6	3095.6
1961—1985	596.8	1348.5	417.1	125.7	2488.1
1986—2010	719.3	1606.8	546.3	183.2	3026.5
1961—2010	658.1	1477.7	481.7	154.4	2757.3

8.4 气候变化对径流的影响

有关新疆河川地表径流变化的研究较多，由于分析选用的水文站点不同、时间序列的长度有差异，定量分析结果有一些差异，但是 50 年来径流变化特征的整体状况和空间分布基本都是一致的。主要结论如下：新疆大多数河流年径流量从 1987 年起出现增加趋势，天山山区增加尤其明显，其他地区有不同程度的增加，昆仑山北坡略微有减少（张国威，2003，陈亚宁，2009）。南疆塔里木河流域出山口总径流量呈增加趋势，但存在明显的空间差异（陈亚宁，2008，王顺德，2003）。20 世纪 50 年代以来，新疆总径流呈增加趋势，在全国各省区中最显著（第二次气候变化国家评估报告编写委员会，2011）。

8.4.1 新疆夏季 0℃层高度变化

新疆冰雪消融受高空温度影响，近 50 年来，新疆夏季高度发生了显著变化，影响夏季径流。应用中国气象局整编的新疆 11 个探空站观测资料（张广兴，2005），把新疆全境分布的 11 个探空站划分为阿尔泰山西坡、天山北坡、天山南坡、昆仑山北坡和北疆西部 5 个区域。1961—2003 年 43 年来新疆夏季 0℃层平均高度总体呈上升趋势，也存在区域差异。

1961—2010 年，新疆夏季 0℃层高度总体为上升趋势。1960 年代末到 1970 年代初表现为陡降趋势，1970 年代初至 1980 代初的十年里表现为平稳的波动态势，1980 年代初至 1990 代初的十年里表现为振荡中缓慢上升，1983 年以后总体为明显上升趋势，1993 至 1999 年表现为突升，1999 年达到 4370 m 高点以后开始下降至 2003 年的 4155 m 的较低点后转为上升，2010 年达到 4404 m 的新高。从年代际来看，1960 年代为 4266 m，为较高水平，1970 和 1980 年代分别为 4216 m 和 4210 m，为逐渐下降态势，1990 年代为 4268 m 为最高，2000 年代为 4254 m，较 1990 年代有所下降，但仍维持较高水平。近 50 年来，天山地区和阿尔泰山地区，夏季 0℃层高度呈相对全疆更为陡峭的上升趋势，波动形态与全疆相似。与之相反，昆仑山地区夏季 0℃层高度呈下降趋势。

8.4.2 融雪融冰径流普遍增加

（1）天山乌鲁木齐河源 1 号冰川融水径流变化

乌鲁木齐河源 1 号冰川观测表明，1959—1985 年平均物质平衡值为－94.5 mm/a，而 1986—2000 年增至－358.4 mm/a，即较前段增大了 2.8 倍（李忠勤等，2003）。相应的冰川融水径流也有大幅度增加，按杨针娘（1991）计算资料，1958—1985 年乌鲁木齐河源 1 号冰川平均融水径流深为 508.4 mm/a

而 1986—2001 年则为 936.6 mm/a，较前期增加 84.2%。20 世纪 80 年代以来的快速升温，促使冰川融水径流量迅速增大(图 8.4)。

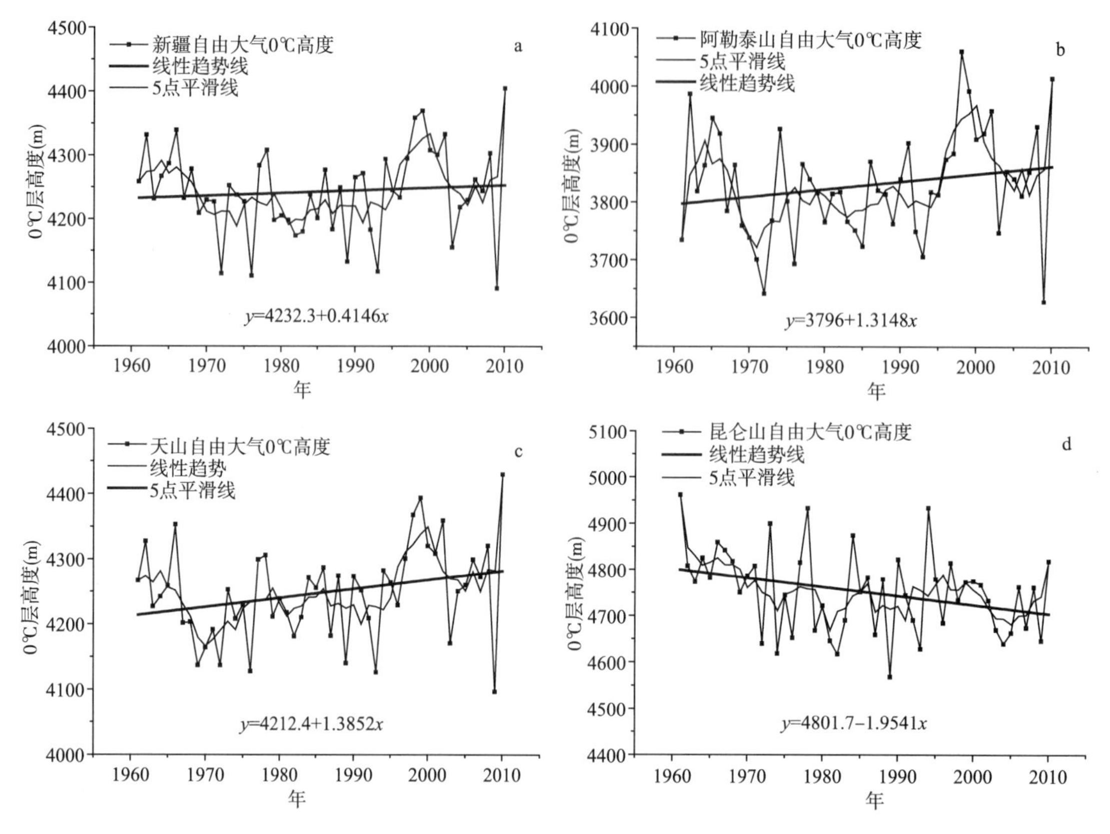

图 8.3 1961—2010 年新疆自由大气 0℃高度逐年变化

(a)新疆；(b)阿尔泰山；(c)天山山区；(d)昆仑山

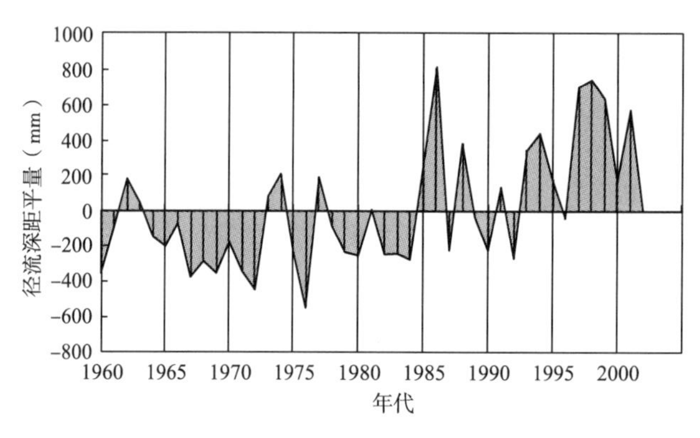

图 8.4 天山 1 号冰川融水径流深距平(据李忠勤等)

(2)塔里木河流域冰川融水径流变化

塔里木内流水系流域中国境内共有现代冰川 11 665 条，面积 19877.7 km^2，冰储量 2313.3 km^3(施雅风，2005)。冰川融水径流量达 1.5.0 亿 m^3，约占流域地表总径流量的 40%，是本区最为重要的水资源。根据计算和实地考察，近 40 年来本区冰川物质平衡主要呈负平衡，帕米尔河喀喇昆仑山约为－150 mm，天山南坡流域在－300 mm，昆仑山基本稳定。1972/1973 年度是天山物质平衡发展的一个突变点，突变后冰川消融加剧，前后均值相差－250 mm，冰川融水和洪水峰值都呈明显增加的趋势。根据分析，气温变化 1℃，冰川物质平衡变化约 300 mm，河流径流变化在台兰河可达 10%(刘时银，2006，沈永平，2006)。

8.4.3 阿克苏河径流年内分布变化及其影响

(1)阿克苏河径流分布的变化。应用塔里木河流域天山南坡阿克苏河 1956—2006 年的实测径流资料，分析了阿克苏河流域各支流径流变化特征（王国亚，2008）。主要结论为：近 50 年来，年径流量在 1993 年之前呈波浪式下降趋势，1993 年之后则表现为较快的上升趋势。以冰川融水补给为主的库玛拉克河与台兰河径流年内变化虽然转折的时间点不同，但趋势相似，径流增加主要都在汛期的 7 月和 8 月，库玛拉克河协合拉站 1994—2006 年 7、8 月平均径流分别比 1956—1993 年增加了约 30%和 24%，而台兰河台兰站 1987—2006 年 7、8 月平均径流分别比 1956—1986 年增加了约 25%和 29%。托什干河沙里桂兰克站 1994—2006 年 5—9 月平均径流比 1957—1993 年分别增加了约 49%、48%、26%、21%和 38%，5、6 月平均径流增加幅度最大。

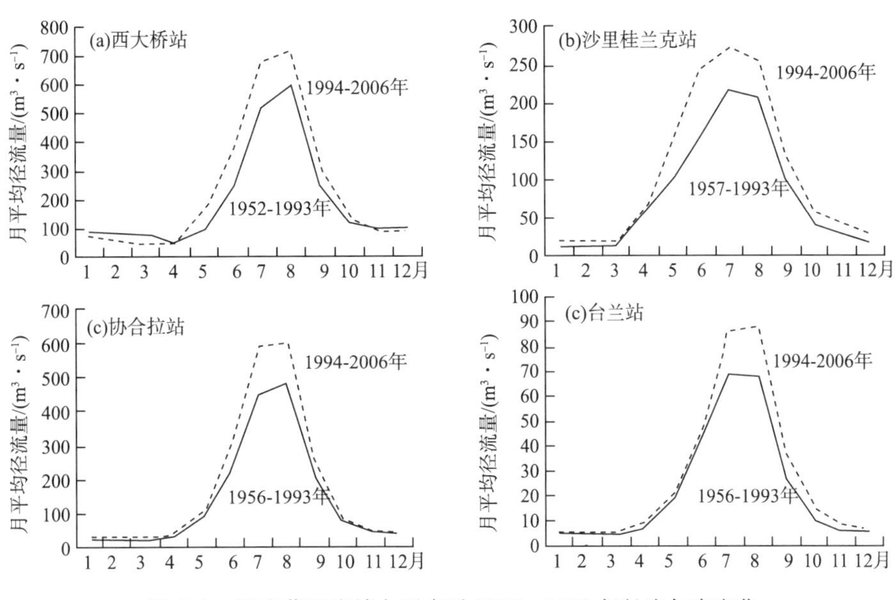

图 8.5 阿克苏河流域主要水系 1957—2006 年径流年内变化

（2）阿克苏河径流变化对水资源安全的可能影响（王国亚，2008）。对缓解阿克苏河流域春末夏初的干旱有帮助。阿克苏河流域径流在近 10 多年显著增加，其中 5、6 月份径流增加幅度最大。阿克苏河流域以及下游的塔里木河流域都是以农业种植为主的区域，春末夏初正值用水高峰，素有“春旱夏洪”之说，所以 5、6 月份河流径流的增加在一定程度上缓解了旱情。但是随着大面积的开荒垦田以及水资源的不合理利用，径流的这点增量不过是“杯水车薪”。阿克苏河夏季发生洪水灾害的可能性增大。近 50 a 来，阿克苏河流域最大径流量的变化趋势是上升的。阿克苏河与库玛拉克河最大径流变化趋势基本吻合，1956—1977 年阿克苏河与库玛拉克河最大径流量呈快速下降趋势，1978—1982 年最大径流变化相对稳定，1983—2006 年最大径流呈上升趋势，尤其在 1994—2006 年增加显著。托什干河最大径流在 1957—1986 年与 1992—1998 年均呈下降趋势；在 1987—1991 年与 1999—2006 年呈增加趋势。总之，阿克苏河水系自 1990 年代中后期开始最大径流量呈快速的增加趋势，近 10 多年来洪水灾害发生的可能性增加。

（3）阿克苏河径流变化对水资源安全的可能影响。对缓解阿克苏河流域春末夏初的干旱有帮助。阿克苏河流域径流在近 10 多年显著增加，其中 5、6 月份径流增加幅度最大，表现为汛期径流有提前增大的趋势。阿克苏河流域以及下游的塔里木河流域都是以农业种植为主的区域，春末夏初正值用水高峰，素有“春旱夏洪”之说，所以 5、6 月份河流径流的增加在一定程度上缓解了旱情。但是随着大面积的开荒垦田以及水资源的不合理利用，径流的这点增量不过是“杯水车薪”。阿克苏河夏季发生洪水灾害的可能性增大。近 50 年来，阿克苏河流域最大径流量的变化趋势是上升的，阿克苏河、库玛拉克河、托什干河与台兰河最大径流变化的倾向率分别为 17.28，13.98，6.79 和 4.48(m^3/s)/a。阿克苏河与库玛拉克河最大径流变化趋势基本吻合，年平均最大径流分别为 1423 m^3/s 和 1381 m^3/s。阿克苏河水系自 1990 年代中后期开始最大径流量呈快速的增加趋势，近 10 多年来洪水灾害发生的可能性增加。

8.4.4 克兰河径流年内分布变化及其影响

（1）克兰河年内径流过程发生变化（沈永平，2007）。克兰河是额尔齐斯河一条支流，发源于新疆北部阿勒泰山脉，主要由融雪径流补给，年内积雪融水可占年径流量的 45%，年最大月径流一般出现在 6

月份，融雪季节4—6月径流量占65%。流域自20世纪60年代开始明显升温，年降水总量也呈增加趋势，尤其是冬季和初春增加最多。随着气候变暖，河流年内水文过程发生了很大的变化，主要表现在5月径流呈增加趋势，而6月径流为下降趋势，最大月径流由6月提前到5月，4—6月融雪径流量也由占年流量的60%增加到近70%(图8.6)。

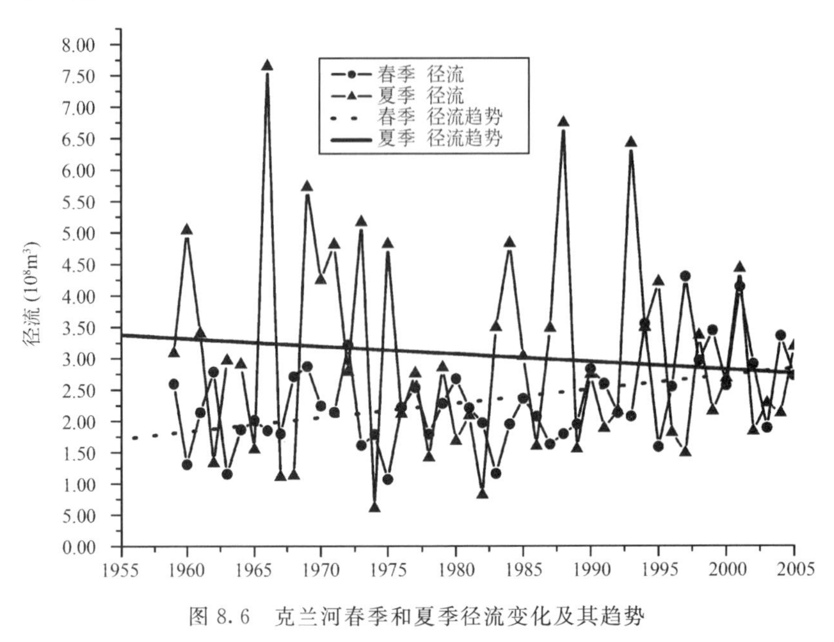

图8.6 克兰河春季和夏季径流变化及其趋势

(2)克兰河径流变化对供水安全的影响(沈永平，2007)。对春夏季农业、渔业用水带来挑战。最大径流月提前至5月，春季径流增加，而夏季径流减少，尤其是在7—8月的径流减少，对下游的农业生产、渔业等有很大影响。但提前的融雪可能影响到春夏季供用水计划，尤其是农业的春灌和农作物生长的需水。由于年内水文过程前移，使得6—7月的径流量明显减少，将会影响到对下游的供水。目前的前移有利于缓解春旱，但夏季干旱程度加剧。2007年7月流经阿勒泰市区的克兰河出现罕见的断流现象。

8.4.5 气候要素场变化对新疆径流场的影响

新疆气候对地表水资源有直接影响，并存在区域差异(袁玉江，2001；张家宝，2002；何清，2003)。主要结果如下：(1)新疆气候对地表水资源时空变化的影响，以北疆为最大，东疆最小，南疆居中。(2)在北疆及东疆，水文年降水是决定其地表水资源场时空分布特征的主导气候因子，5—9月平均温度是辅助气候因子，它通过影响蒸发对地表水资源起减少作用，但在东疆5—9月平均温度对其地表水资源的影响要比北疆大些。南疆5—9月平均温度是决定其地表水资源场时空分布特征的主导气候因子，高山区前2年的水文年降水为辅助气候因子，它通过冰川融水的形式对当年的地表水资源起增加作用。(3)北疆：当北疆8站水文年平均降水出现±10%(相对于1961—1990年平均值)变化时，北疆地表水资源出现±7.2%的正响应；当降水出现±20%(或±30%)的变化时，水资源会作出±14.5%(或±21.8%)的正响应。(4)东疆：当沁城5—9月平均温度为多年平均值时，巴音布鲁克水文年降水变化±10%，东疆地表水资源会出现±5.4%的变化；当巴音布鲁克水文年降水为多年平均值时，沁城5—9月平均温度偏高(或偏低)1℃，东疆地表水资源会减少(或增多)8.3%。(5)南疆：当南疆4站5—9月平均温度为多年平均值时，塔什库尔干前年的水文年降水变化±10%，南疆地表水资源会出现±1.3%的变化；当塔什库尔干前年的水文年降水为多年平均值时，南疆4站5—9月平均温度偏高(或偏低)1℃，南疆地表水资源会增多(或减少)11.7%。

8.4.6 新疆各区域夏季0℃层高度变化与河流年径流量变化具有较好的一致性

用1960—2002年新疆12个探空站逐日观测资料和34个水文站的年径流资料，分析了43年中新疆夏季0℃层平均高度变化和河流径流变化趋势及空间分布差异(张广兴，2007)。新疆夏季0℃层平均高度与河流年径流量变化具有较好的一致性，尤其是1970年代以来，两者的变化趋势更加亦步亦趋。阿尔泰一塔城一代区域和天山山区变化趋势较一致，为1990年代初以来夏季0℃层平均高度为显著升高，昆仑山北坡却呈不显著的下降趋势。与之相对应，同期发源于北疆北部地区和天山山区的河流径流量也显著增大，昆仑山北坡区域的径流量略为减少。气候变暖，新疆夏季0℃层升高，山区的冰雪消融加快，河流径流量相应增多，进人丰水期；反之，进人枯水期。

8.5 气候变化对冰川的影响

新疆的冰川水资源居全国第一，在新疆水资源构成和河川径流调节方面占有重要地位。近50年气候变化背景下中国冰川面积从20世纪60—70年代的23982 km^{2}减小到21世纪初的21893 km^2，根据冰川分布进行加权计算后冰川面积退缩了10.1%。近50年来，中国西部变暖显著，约82%的冰川处于退缩状态（《第二次气候变化国家评估报告》编写委员会，2011）。就冰川面积变化的空间分布特征而言，天山的伊犁河流域、准噶尔内流水系、阿尔泰山的鄂毕河流域、祁连山的河西内流水系等都是冰川退缩程度较高的区域（张明军，2011）。最近30多年来，随着气温升高，冰川出现了剧烈的消融退缩。基于最新冰川观测研究资料，新疆1800条冰川在过去26～44年间，总面积缩小了11.7%，平均每条冰川缩小0.243 km，冰川在不同区域的缩小比率为8.8%～34.2%，单条冰川的平均缩小量为0.092～0.415 km，末端平均后退量为3.5～10.5 m/a（李忠勤，2010）。基于1960年以来中国天山各流域冰川面积变化的统计分析，近50年来中国天山冰川的面积缩小了11.5%，对研究时段统一化后发现面积年均退缩率为0.31%/a（王圣杰，2011）。各流域冰川面积退缩速度存在一定差异，但冰川加速消融趋势明显。

8.5.1 乌鲁木齐河流域天山一号冰川

乌鲁木齐河流域冰川长度、面积和冰储量在1964—1992年间的28年中均处于减小状态（陈建明，1996）。一号冰川自1959年起即有观测，一直处于退缩状态，20世纪80年代以后，退缩出现了加剧趋势，东西支冰舌自1993年完全分离，成为两支独立的冰川。1959—1993年期间共退缩139.72 m，平均每年退缩4.5 m。1994—2004年，东支年退缩量为3.5 m，西支为5.8 m。1981—2006年间，冰川厚度在东支主流线上减薄0～30 m，冰川下部减薄量大于上部，同时，融水径流增加（Li Zhongqin，2009；李忠勤，2003）。

8.5.2 阿克苏河水系的台兰河流域冰川

台兰河流域位于天山最高峰托木尔峰（海拔7435.3 m）南坡，河流最终注入塔里木盆地．以台兰河水文站控制的流域面积为1324 km^2，流域最高点为托木尔峰，最低点为台兰水文站（海拔1550 m）。台兰河流域共发育现代冰川115条，冰川总面积431 km^2，冰川储量73.132 km^3，平均冰川雪线海拔4290 m. 流域内长度超过10 km的冰川有4条，总面积达307.7 km^2，占流域冰川总面积的71.2%。西台兰冰川源于天山最高峰托木尔峰（海拔7435.3 m），面积108.15 km^2，长22.8 km，是一条树枝状山谷冰川，冰川下部被厚层表碛所覆盖。该冰川在1942年前，东、西台兰冰川相连，1978年再次测量时发现，西台兰冰川已与东台兰冰川脱离。70年代中期，中国科学院登山科考队利用卫星照片实地判读方法，测得1942—1976年西台兰冰川后退600 m，1997年再次对该冰川的冰舌部分进行摄影测量，发现该冰川仍处在较强烈的后退之中，面积仍在缩小（刘时银，2003，）。

8.5.3 喀喇昆仑山、慕士塔格——公格尔山冰川

通过对喀喇昆仑山北坡、慕士塔格、公格尔山区的遥感数据进行解译，得出2000年左右的冰川边界范围，并与中国冰川目录资料进行对比分析（上官冬辉，2004）。结果显示，慕士塔格——公格尔山典型冰川中有5条处于前进状态，8条冰川处于明显退缩状态。根据冰川规模越小，对气候变化的响应越敏感的观点，认为喀喇昆仑山北坡、慕士塔格——公格尔山区可能受气温上升的影响，而对那些处于稳定或前进的冰川来说，可能与冰川对气候响应的滞后性影响，或与气温上升导致冰温上升，进而引起的冰川动力作用加强有关。

8.5.4 和田河——玉龙喀什河流域冰川

和田河的支流玉龙喀什河流域共有1331条冰川，总面积为2958.31 km^2，储量为410.3246 km^3，其中发育了17条长度大于10 km的冰川。该区域共有现代冰川372条，其总面积约为1776.96 km^2，冰储量为314.1808 km^3，长度大于10 km的冰川占14条。根据航空相片、地形图、遥感影像数据分析了西昆仑山北坡玉龙喀什河上游的冰川变化，通过1970年航空测图和1989年、2001年卫星影像对比，获取了玉龙喀什河上游河源区32年冰川长度、面积、冰储量的系统资料。分析结果表明，1970—2001年本区冰川总体上以稳定冰川的数量占多数，但由于部分冰川的退缩表现使得整个研究区的冰川表现为萎缩的趋势。20世纪70年代初到80年代末，冰川规模有扩大的趋势，冰川面积、储量分别增加了1.4 km^2、0.4781 km^3，约占1970年研究流域相应总量的0.12%、0.19%；而1989—2001年的冰川面积、储量分别比1970年减少了0.5%、0.4%，是西北干旱区冰川面积变化幅度最小的区域；冰川末端变化表明，玉龙喀什河上游河源区冰川近32年冰川末端平均后退15.7 m/a(上官冬辉，2004)。

8.5.5 伊犁河的喀什河流域

喀什河是伊犁河最北一支流，源于博罗克努山南坡，与前述的四棵树河相对应。该流域发育有冰川551条，面积421.60 km^2。用航片对比成图法，获得了这些冰川1962—1990年间的变化资料。喀什河测量的64条冰川，全部后退，面积缩小和冰储量减少，冰川平均后退149 m，变化率为7.0%，面积缩小了4.809 km^2，约为1962年冰川面积的3.5%(李忠勤，2010)。

8.5.6 冰川融化使塔里木河流域径流明显增加

以国家气象台站的月降水与月气温资料为驱动数据、90 m分辨率的数字高程模型(DEM)和第一次冰川编目的冰川分布矢量数据为基础，利用月尺度的度日模型重建了塔里木河流域各水系冰川物质平衡、融水径流序列，对冰川物质平衡和融水径流的特征、变化趋势以及其对河流径流的贡献进行分析(高鑫，2010)。结果表明：塔里木河流域1961—2006年平均冰川物质平衡为－139.2 mm/a，46年冰川物质一直在加剧亏损，同期升温对冰川的影响超过降水增加的影响。塔里木河冰川融水径流的年际变化主要受控于流域内冰川的物质平衡波动，46年冰川融水径流的持续增加主要是由温度升高引起的。1961—2006年整个塔里木河流域年平均冰川融水径流量为144.16亿 m^3，冰川融水对河流径流的平均补给率为41.5%，并且与多年平均值相比冰川融水对河流径流的贡献在1990年之后明显增大。塔里木河流域出山径流年际变化与冰川融水径流年际变化过程基本一致，总体上呈上升趋势，并且河流径流量的增加约3/4以上源于冰川退缩的贡献。

叶尔羌河是塔里木河的主源之一，发源于喀喇昆仑山北坡，冰川融水是其主要补给。利用冰川度日因子融水径流模型重建了叶尔羌河上游流域平均冰川物质平衡、冰川融水径流序列，分析了叶尔羌河上游流域冰川融水径流变化的特征、趋势及其对河流径流的影响(高鑫，2010)。结果表明：1961—2006年流域冰川平均年物质平衡为－163.1 mm，平衡线平均海拔为5395.7 m。1991年之后流域冰川物质平衡呈显著负平衡，平均年物质平衡为－301.2 mm，1991—2006年与1961—1990年相比平衡线平均高度上升了64.2 m。1961—2006年流域年平均冰川融水径流深为807.7 mm，冰川融水对河流径流的补给比重为51.3%；2000年之后冰川融水对河流径流的补给比重增大到63.3%，与多年平均值相比冰川融水对河流径流的贡献在2000年后明显增大。

8.6 气候变化对洪水的影响

8.6.1 新疆洪水发生频次增高、灾害损失增加

基于新疆河流水文监测资料分析(李燕，2003)，得到以下认识：(1)近10年来新疆河流洪水频繁发生，且呈现出峰高量大，其原因：一是夏季南北气温升高；二是夏季降水量增多，使1987年后发生超定

量、超标准频次的洪水明显增加，尤其是以暴雨成因为主的河流发生超标准洪水频次最高，其次是高温和暴雨叠加形成的洪水发生频次。(2)洪水灾害频次从20世纪50年代至2000年呈增加趋势，尤其是从1987年以来，洪灾发生的频次增高，灾害损失成十倍地增加。对新疆29条河流选取年最大洪水，统计出超标准洪水、20年一遇、50年一遇洪水的出现频次进行分析(吴素芬，2003)，结果显示：1987年后新疆洪水量级、洪水频次呈增加的变化趋势，通过20世纪90年代以来灾害性洪水出现的频次、灾害损失的变化比较分析，90年代以来灾害性洪水尤其是灾害性暴雨洪水和突发性洪水呈现增加的态势，1987—2000年的灾害损失与1950—1986年相比增加了30倍。基于1956—2006年的实测洪峰等资料分析表明(吴素芬，2010)，20世纪80年代中期以来新疆超标准洪峰、洪量的频次增加，大多数河流洪水峰、量都呈增大变化趋势。

8.6.2 新疆极端洪水呈区域性加重趋势，以南疆区域最为显著

以年极端洪水超标率来反映区域极端洪水，分析了新疆区域洪水变化规律，用年最大洪峰记录分析了天山主要河流极端洪水变化特征，用天山山区14站近50年资料分析了区域气候变化特征，并讨论了天山主要河流极端洪水变化的可能原因(毛炜峄，2012)。结果如下：(1)受气候变暖影响，1957—2006年，全疆极端洪水呈区域性加重趋势，尤其南疆区域极端洪水明显加剧，北疆区域也有加重趋势，但相对较缓。全疆及北疆、南疆在20世纪90年代中期以来都处于洪水高发阶段。近50年，在新疆区域洪水呈加重趋势的变化背景下，发源于天山南坡的托什干河和库玛拉克河年最大洪峰流量呈显著增加趋势，发源于天山北坡的玛纳斯河与乌鲁木齐河年最大洪峰流量虽有增加，但是变化趋势较缓。以年最大洪峰流量发生转折年为界，托什干河、库玛拉克河、玛纳斯河和乌鲁木齐河在20世纪90年代(或80年代)以来与前期相比，呈现出相似的变化特征：年最大洪峰流量明显增大，年际间变化更加剧烈，洪水年更频繁。

8.6.3 近期气温变暖塔里木河源流——库玛拉克河、叶尔羌河冰湖溃决洪水增加

库玛拉克河是阿克苏河的最大支流，也是塔里木河主要的补给水源。河源地区分布有天山地区最长大的冰川——伊力尔切克冰川(长61 km，总面积821.6 km²)及数量众多的冰面湖与冰川阻塞湖，其中麦茨巴赫冰川湖为众多冰川湖中最大的一个，频繁发生突发性溃决洪水。据协合拉水文站资料分析，年径流量20世纪90年代与50年代比较增多10亿m³，增加25%，最大流量90年代与50年代比较增多32%，洪水频率也不断增加(图8.7)。

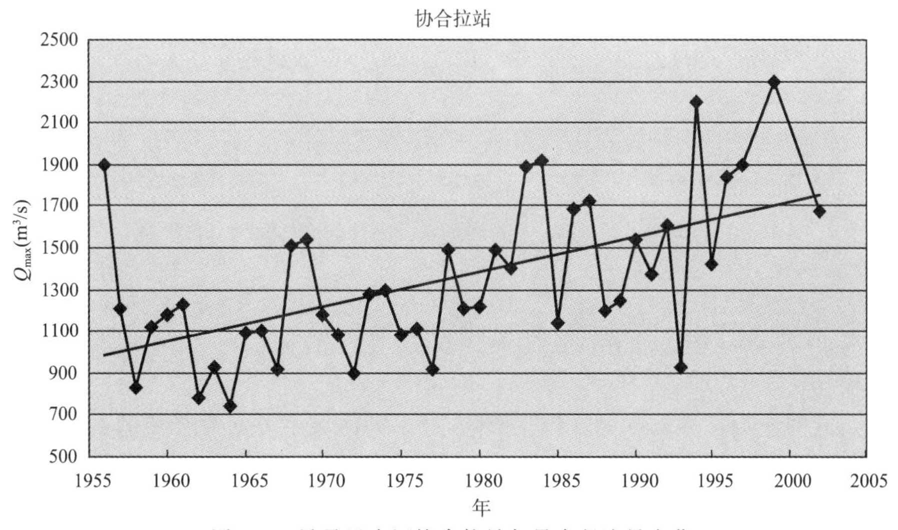

图8.7 昆马里克河协合拉站年最大径流量变化

叶尔羌河发源于喀喇昆仑山，源头区分布一系列冰川，由于有4、5条冰川下伸到主河谷阻塞冰川融水的下排，经常形成冰川阻塞湖，当冰坝被浮起或冰下排水道打开，就会发生冰湖溃决洪水。在经历了1986年的冰湖溃决洪水后，由于冰川排水道打开，直到1996年再没有发生溃决洪水。但在20世纪90年代的剧烈增温过程，冰川消融加剧，冰川融水量增加，冰温升高，冰川流速加快，冰川再次阻塞河道形成冰湖，发生频繁的大冰湖溃决洪水(图8.8)，并且湖溃决洪水的洪峰流量和洪水总量将越来越大，

冰湖的规模相应扩大，溃决的危险程度也增加。随着全球气温的持续变暖，叶尔羌河的冰川湖溃决洪水的频率和幅度将会继续增加，对下游的人们的生命财产和社会经济发展产生严重威胁（沈永平等，2004）。

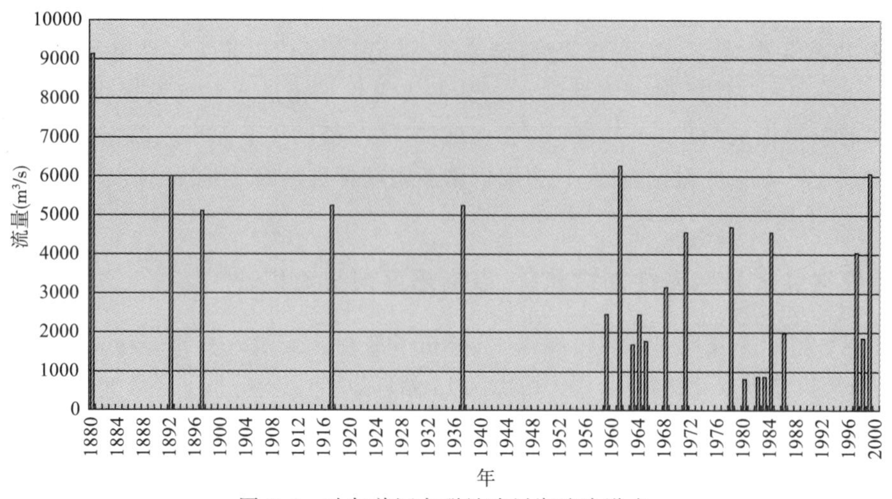

图 8.8　叶尔羌河卡群站冰川湖溃决洪水

8.6.4　进入 21 世纪新疆北部隆冬季节出现融雪型洪水

新疆北部是我国冬季积雪最为丰富的三大区域之一，稳定积雪持续时间长，冬末春初雪盖消退迅速，遇气温快速上升往往引发融雪型洪水。近 50 年来新疆的气温明显上升，其中又以冬季增温最为显著。2008 年 1 月，受冬季出现的极端暖事件影响，准噶尔盆地积雪大面积融化，融化期提前，改变了北疆积雪时空分布（毛炜峄，2008）。2010 年 1 月，裕民县降雪量达 95 mm，较历年同期偏多 5.8 倍，突破 1 月历年极值。1 月 1—7 日和 15 日裕民达到极端暖事件标准，而 11 日和 19 日又达到极端冷事件标准（图 8.9）。2010 年 1 月上旬前期的异常升温，导致积雪快速融化，引发融雪型洪水，十分罕见（毛炜峄，2010）。全球变暖背景下区域极端天气气候事件频发，极端天气气候事件的影响程度增强。

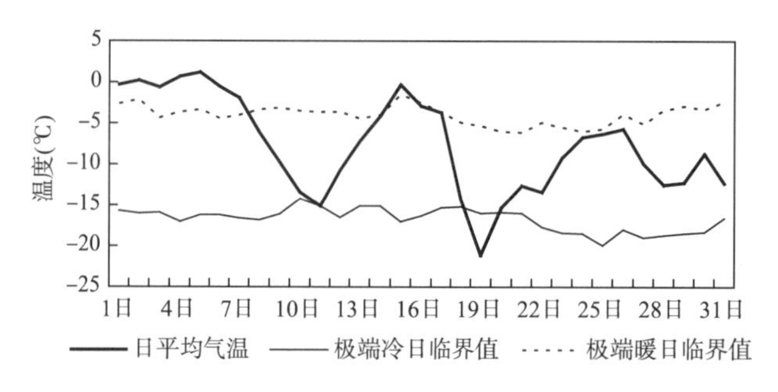

图 8.9　2010 年 1 月裕民极端暖事件、冷事件交替出现

8.7　气候变化对未来水资源的可能影响

目前，气候变化对不同区域的水循环产生影响，对不同区域主要河流径流的影响还存在不确定性，也开展了一些对未来水资源预估研究。利用径流对降水变化响应的敏感程度或弹性系数结合全球模式的模拟结果，预计 21 世纪中期和后期，在人类活动引起的全球变暖情况下，我国各主要河流的径流量变化幅度不同（任国玉，2008；张建云，2007）。

根据 SRES 情景下的未来可能气候变化，采用 VIC 模型模拟了四种其后情景下的径流量的可能变化（张建云等，2007）。结果表明：全国大部分省（区）的年平均径流量深有不同程度的增加，其中，北方地区以新疆为最大。在 A1、A2 情景下，全国未来百年多年平均径流深分别较基准年（1961—1990 年）增多约 9.7%（+52 mm）和 9%（+46 mm）；在 B1、B2 情景下，径流深增加幅度略小，分别为 7.5%（+40 mm）和 8%（+46 mm）。未来，新疆西南部（塔河流域）以冬、春季降水量和春夏季径流深增加为主，可能出现湿化趋势。

人均水资源量即人均年拥有水资源量，用该指标来反映水资源的可持续利用的脆弱度。对于一个国家或地区，可按人均水资源量的多少来衡量其水资源的紧缺程度：富水线（人均年拥有淡水量 1700 m^3），最低需求或者基本需求线（人均年拥有淡水量 1000 m^3），绝对缺水线（人均年拥有淡水量 500 m^3）（钱正英，张光斗，2001）。人均淡水量的计算较复杂，简化为按人均年径流量的多少来衡量其水资源的紧缺程度。另外，为充分反映区域社会经济情况、产业结构的布局，以及水利工程设施等诸多因素的影响，并兼顾生态环境需水考虑的需要，选用缺水率作为水资源脆弱性评价的另外一个重要指标。缺水率定义为：区域缺水量占需要水量的百分比。依据中国水资源、人口发展、区域生态等实际状况，将区域水资源紧缺程度分为严重缺水、重度缺水、轻度缺水、和不缺水四个等级，并给出了定量的衡量标准（张建云，2007），如果区域人均年径流量低于 500 m^3，或者缺水率超过 5%，则可认为该地区属于严重缺水。

表 8.3 水资源脆弱性评价指标（张建云等，2007）

水资源紧缺程度	人均年径流量（m^3）	缺水率
严重缺水	<500	>5%
重度缺水	500～1000	3%～5%
轻度缺水	100～1700	1%～3%
不缺水	>1700	<1%

评价结果表明：考虑到气候变化，加之人口增加和社会经济发展，未来 50～100 年，全国人均水资源紧张的形式较基准年不容乐观，内蒙古、新疆、甘肃、宁夏 4 省（区）在 2050 年缺水率达 4%～7%，属于重度到严重缺水；2100 年，新疆略有缓和，其他 3 省（区）呈加重趋势，缺水率增至 6%～8%，属于重度缺水。

8.8 区域水资源开发利用适应气候变化策略

加快山区水利枢纽工程建设，适应水资源管理。加强水利基础设施建设，尤其是山区水利枢纽工程建设；加快实施引水、节水工程，提高水资源利用效率；加强洪旱灾害变化规律和机理及灾害防御对策、措施研究，提高水资源利用率。

建立健全覆盖区地县的综合防洪抗旱体系。建立洪水、旱情等的监测、预测及预警体系，健全防洪抗旱管理机制；建立气候预测、预估与水资源信息共享机制，为水资源的合理调配和布局提供技术支撑；加强中小河流山洪及地质灾害监测预警体系建设。

加快空中水资源开发利用，实施山区人工增水作业。在山区实施人工增水作业，提高空中水汽转化率。在战略布局上，人工增水工作由应急型抗灾作业向长期科学开发利用空中水资源转变；坚持山区增水与水利设施建设相结合，制定空中水资源长期开发利用规划；建立稳定长效的人工影响天气投入机制；建立多方协作机制，加强法规和制度建设，进一步理顺管理体制机制。制定阿尔泰山、天山、昆仑山三大山区的人工增水中长期规划。以有效开发空中水资源为主要目标，以实施三大山系人工增水工程为核心，建立由人工影响天气监测体系、信息传输、作业指挥、催化作业、科技支撑、技术装备保障六大系统组成的开放式、集约化的业务技术体系，大规模、广覆盖、多方式、持续性地开展山区人工增水。

加强洪旱机理研究，提高防灾减灾能力。建议加强洪旱研究，开展洪旱形成机理、变化规律、防御灾害措施及暴雨洪水对水库流域水资源调度等方面的深入研究，不断提高对干旱和洪水的防灾减灾能力，提高水资源利用率，缓解新疆突出的干旱问题，达到趋利避害的目的。

加强水资源科学调度的气象服务工作。加强冬季北疆区域和天山山区、昆仑山区的积雪遥感综合监测分析能力；提高春季伊犁河谷、北疆地区等重点区域、流域的突发增温天气过程的精细化预报水平，以应对突发性融雪洪水；加大夏季对天山、昆仑山等山区局地暴雨的监测、预警能力建设力度；同时增强对塔里木河流域各源流区域的春夏季高空温度的监测和预报预警服务能力。加强对各流域山区积雪动态变化的遥感监测分析。未来全面提升新疆不同季节、各重点区域的防洪抗旱气象服务水平，为水库等水利设施运行调度提供科学依据，减轻或避免洪水危害、合理利用水资源，更好地发挥水利设施的蓄水调节防汛抗旱功能。

第9章　气候变化对区域农业的影响适应

新疆是农业大区，在经济中农业优势突出，对农业的依存度高于全国。新疆现有耕地409万hm^2，其中水浇地376万hm^2，占92.09%。新疆为典型的大陆性干旱气候，日照时间长，热量充足，昼夜温差大，有利于农业的发展。新疆粮食作物主要有小麦、玉米、水稻等；经济作物主要有棉花、油菜、甜菜、加工番茄等；果树种类繁多，主要有葡萄、苹果、梨、杏、桃、李、枣、石榴、无花果、扁桃、阿月浑子、核桃、樱桃、山楂、桑、草莓等。新疆的农业气象灾害主要有干旱、干热风、大风、冻害、低温冷害、冰雹等。全球气候变化对新疆区域的农业带来了显著的影响。

9.1　已观测的气候变化对新疆农业的影响

9.1.1　气候变化致使新疆区域热量增加

近50年来，新疆区域及北疆、天山山区、南疆各分区年平均气温呈明显上升趋势，其中北疆增温最明显。新疆区域日平均气温≥0℃、10℃、15℃、20℃的积温均呈增加趋势，北疆、天山山区、南疆各分区≥0℃、10℃、15℃、20℃的积温变化趋势与新疆区域一致。21世纪的前十年，新疆区域及北疆、天山山区、南疆≥0℃、10℃、15℃、20℃的积温均为近50年中最多的10年。由于热量条件是新疆植棉最关键的气象因子(郑维等，1992)，因此气候变暖对新疆地区棉花等喜温作物生长有着积极的影响。

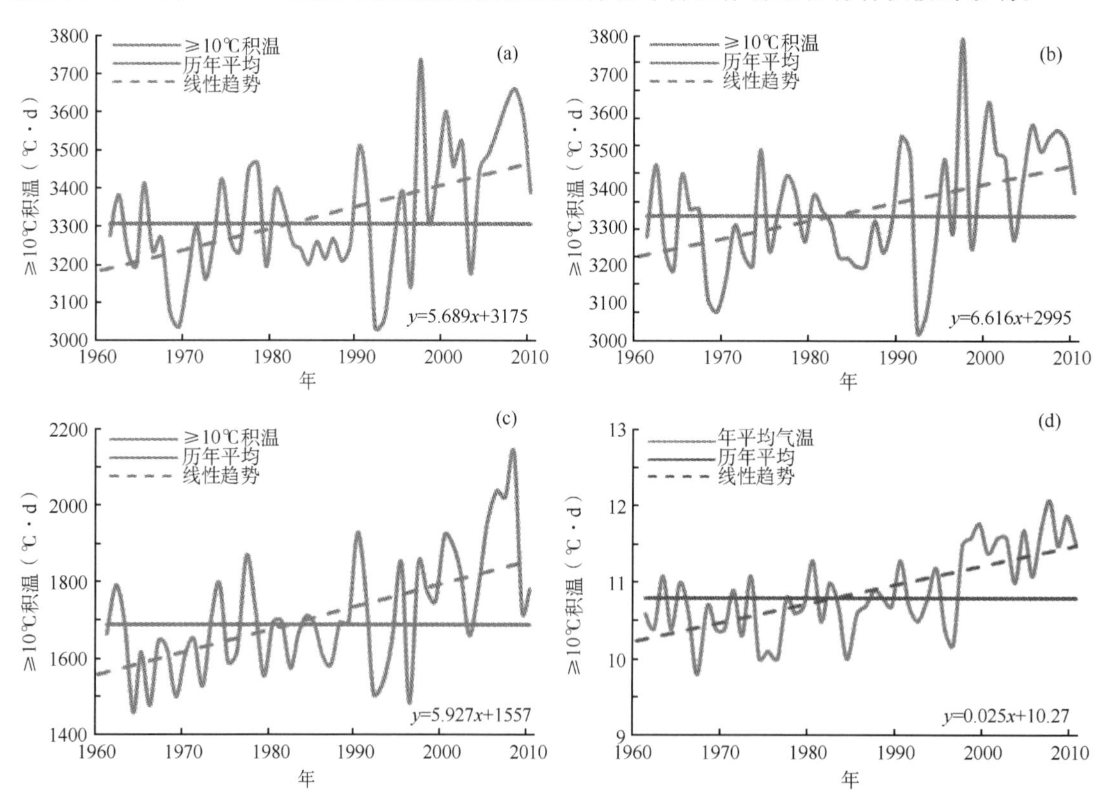

图9.1　1961—2010年新疆及各分区≥10℃积温的逐年变化

(a)新疆(b)北疆(c)天山山区(d)南疆

9.1.2 对新疆主要粮棉作物生长期的影响

9.1.2.1 气候变暖使棉花生育期延长，尤以南疆西部棉区更为明显

从北疆7个监测点棉花发育期变化情况来看，气候变化对棉花发育期有明显影响，前期各发育期(播种—开花)有所提前，整个生育期延长。2001—2010年各主要发育期平均值较20世纪90年代提前1～4 d，其中石河子及其北疆沿天山以西棉区提前较为明显。各发育期间隔日数，苗期、花铃期、裂铃吐絮期及全生育期变化趋势较一致，近十年均较20世纪90年代呈现延长的趋势，其中裂铃吐絮期和全生育期延长最为明显，为7～8 d(李迎春等，2011)。

从南疆11个监测点棉花发育期变化情况来看，南疆棉区气候变化对棉花发育期的影响以停止生长期的推迟和全生育期的延长最为明显，近十年棉花停止生长期较20世纪90年代推迟3～5 d，全生育期延长了4～8 d。

三大棉区(北疆棉区、阿克苏和巴州棉区、南疆西部棉区)棉花全生育期均呈显著延长趋势(见图9.2)，尤以南疆西部棉区延长更为明显，为5.9 d/10a，其次为北疆棉区。

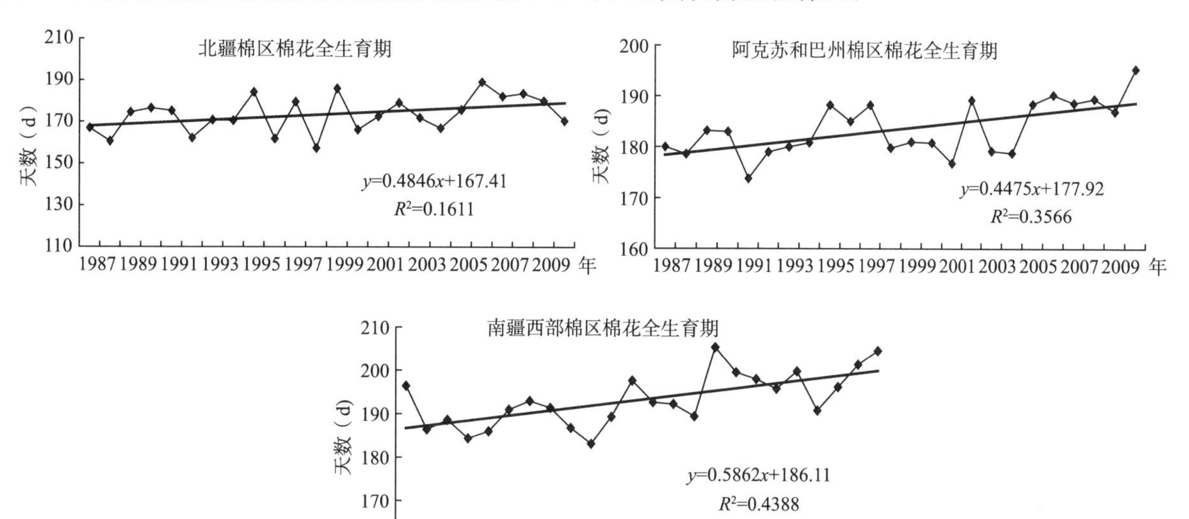

图9.2 新疆各代表棉区棉花生育期

9.1.2.2 气候变暖使冬小麦冬前生育期推迟、返青后生育期提前

温度升高使作物的发育速度加快。对阿图什市冬小麦而言，由于秋季增温，其播种期20世纪90年代比20世纪80年代推迟了4～8 d，冬前生长发育期推迟。受春季温度升高的影响，冬小麦提前返青，生殖生长阶段提早，全生育期缩短7～9 d(胡江玲等，2010)。

根据塔城地区1990年以前、1990—1999年、2000—2005年三个时段冬小麦生育期资料分析，秋季气温的升高使塔城、乌苏冬小麦的播期不断推迟，推迟幅度塔城大于乌苏；返青期、起身期整体有所提早，但20世纪90年代塔城冬小麦的返青期是3个时段中最晚的；拔节、抽穗、成熟期塔城均明显提早，乌苏抽穗期提早，拔节、成熟期推迟(见表9.1)。塔城提早的幅度更明显(李迎春等，2007)。

表9.1 塔城地区冬小麦不同时段发育期比较

站点	时段	播种	返青	起身	拔节	抽穗	成熟
塔城	1980—1989	9月7日	3月28日	4月13日	5月16日	6月3日	7月12日
	1990—1999	9月17日	3月31日	4月13日	5月11日	5月27日	7月9日
	2000—2005	9月22日	3月24日	4月7日	5月5日	5月25日	7月9日
乌苏	1980—1989	9月16日	3月25日	4月1日	5月8日	5月25日	7月2日
	1990—1999	9月22日	3月25日	4月9日	5月6日	5月23日	7月1日
	2000—2005	9月29日	3月20日	3月30日	5月11日	5月23日	7月6日

9.1.3 对新疆主要粮棉作物产量与品质的影响

9.1.3.1 气候变暖使棉花产量明显提高

利用COPRAS动力评估模型对新疆地区棉花生长发育情况进行模拟,结果表明:气候变化对新疆各棉花产区产量影响是不同的,且新疆地区棉花模拟产量受气候变化的影响呈明显的上升趋势,尤其表现在北疆棉区。新疆地区棉花模拟产量另一个特征是波动性明显加强,即20世纪60年代、70年代、80年代和90年代棉花模拟产量的均方差呈增长的趋势,表明60年代至90年代由于气候变化棉花产量波动性加强,棉花生产风险加大(表9.2)(宋艳玲等,2004)。此外,阿图什市棉花气候产量与≥10℃积温关系密切,积温越高产量越高,阿图什市20世纪90年代棉花气候产量比80年代增加了30%左右(胡江玲等,2010)。

表 9.2 气候变化对新疆棉花产量的影响(%)

区域	基值(60年代)kg/hm²	50年代	70年代	80年代	90年代
北疆棉区	937.9	−3.3	8.1	18.2	30.6
东疆棉区	1337.7	23.9	13.0	4.5	1.1
南疆盆地北缘区	1284.7	4.1	−5.9	−2.5	−8.0
南疆盆地西缘区	1291.4	−17.6	11.9	4.4	10.5
南疆盆地东缘区	1356.8	12.2	−5.2	−8.0	−0.6

9.1.3.2 在气候变暖的背景下,降水稀少、蒸发旺盛,限制了喀什粮食产量的提高

喀什市1971—2007年粮食产量方差分析表明(图9.3):20世纪90年代末以后,粮食产量变化幅度明显增加,说明20世纪90年代末以后的粮食生产条件与之前相比已经发生显著改变。

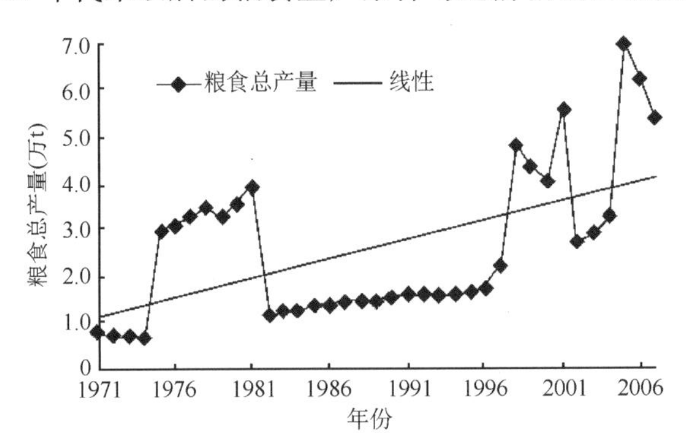

图 9.3 喀什市粮食产量年际变化(1971—2007年)

运用主成分分析法对影响粮食产量的评价指标进行处理:第一个主成分与年平均气温和年平均蒸发量有较大的正相关,反应了自然因素对粮食产量的影响;第二个主成分的降水载荷较大,作为水分因子。气温、降水、蒸发量的因子载荷为正值,可以看出,气温高、降水稀少、蒸发旺盛,已经限制了粮食产量的提高(帕力孜旦·吾不力,2011)。

此外,有研究结果表明,气温、降水、日照等变化与和田粮食产量关系密切,暖湿型气候对粮食生产有利,平均增产达8%;而冷干型和暖干型气候不利于粮食生产,平均减产可达16%(李丽等,2000)。

9.1.3.3 吉木乃县春小麦将从气候变暖中受益增产

吉木乃县近50年来日平均气温稳定通过0℃、10℃积温以及初终日间日数均呈增加趋势,变化率分别为83.7℃·d/10a、57.5℃·d/10a和3.2 d/10a、1 d/10a。0℃、10℃积温距平与实际产量的相关系数依次为0.56、0.47,分别通过了α=0.001和0.005的显著水平检验,而与气候产量相关性较差,表明吉木乃县小麦产量波动主要受生产力的影响,但在一定程度上日照时数越长,积温越高,小麦产量越高,原因是较高的积温一方面可促使小麦正常分化,提高小麦生长发育的时间和有效穗数,同时还有利于减少小麦冻害的发生。

从吉木乃县积温趋势分析可知，积温显著增加，潜在生长期明显延长，为当地小麦高产提供了更多的热量条件，这与“中高纬度气候温凉地区的小麦将从气候变暖中受益增产”（王馥棠等，2005）的研究成果是一致的（潘冬梅，2012）。

9.1.3.4　气候变暖尤其是8—9月气温升高不利于甜菜含糖量的提高

巴州灌区是新疆甜菜生产的主要基地之一。甜菜的积糖期一般在7—10月上旬，其中积糖最快的时期是7月上旬到9月上旬，此期间积糖占总含糖量的90.2%。根据1970—1996年巴州地区气象资料分析，巴州8—9月的气温从20世纪70年代到90年代明显上升，而巴州甜菜含糖量从20世纪70—90年代均下降。

统计高糖年和低糖年的气象要素，表明：低糖年7—9月的平均气温比高糖年高1～2℃，其中8—9月积糖期对温度较为敏感，其相关系数为－0.55～－0.57，达到0.01的显著性水平。因此，8—9月较低的温度条件更有利于甜菜含糖量的增加（谢新，2007）。

9.1.4　对新疆农业种植结构、品种的影响

9.1.4.1　热量增加使棉花种植区域北移、适宜种植海拔高度提高了200 m左右

在气候变暖的情况下，北疆北部和布克赛尔蒙古自治县境内的新疆生产建设兵团农十师184团，2001年大面积植棉成功，2008年棉花单产为4572.7 kg/hm^2，比2005年增长39.9%，创造了棉花种植北界推移到46°23′N的纪录。从普查的热量指标并结合自然地理及气候变暖趋势的情况分析（表9.3），位于乌伦古河沿岸的福海、182团两站点≥20℃积温超过2400℃·d，优于宜棉区积温指标，略低于184团；≥10℃积温2740～2810℃·d，接近植棉北界指标3000℃·d，低于风险植棉区290～460℃·d。说明气候变暖使植棉区存在进一步北移的可能（王建刚等，2009）。

表9.3　2008年(4—8月)阿勒泰地区热量条件较好县市热量条件与184团比较

	≥5℃积温(℃·d)	≥10℃积温(℃·d)	≥15℃积温(℃·d)	≥20℃积温(℃·d)	≥25℃积温(℃·d)	7月气温(℃)
福海	2921.8	2813.4	2728.4	2487.3	1237.6	25.7
哈巴河	2765.9	2578.1	2578.1	2289.5	916.4	24.4
富蕴	2776.6	2661.5	2661.5	2094.0	772.6	24.7
182团	2847.8	2744.4	2657.6	2477.7	1018.4	25.0
184团	3398.5	3189.2	3020.6	2944.4	1207.8	27.5

此外，由于45年（1961—2005年）来昌吉州主要棉区作物生长季的平均气温升高，使当地棉花生长季热量增加，10℃界限温度持续天数延长。特别是20世纪90年代以来，昌吉州棉花品种分布发生了明显变化，棉花种植东界自1992年起向东扩展到了以前认为不宜植棉的吉木萨尔县，由此，北疆棉花品种适宜种植海拔高度提高了200米左右（傅玮东等，2009）。

9.1.4.2　热量增加使棉花种植品种相应改变

随着全球气候变暖，新疆棉区的气候也发生了很大变化。无霜期延长和有效积温的增加，使新疆棉花种植品种相应改变。如2006年以前乌苏市棉花种植品种基本上是以新陆早系列为主，生育期一般在125 d左右，霜前花达85%以上。2007年乌苏市引进种植了新陆中26号，生育期135 d左右。由于2007—2008年乌苏市≥10℃、15℃、20℃、25℃有效积温都满足了棉花生长的需求，秋季气温高、降水少，初霜期延后，因此，乌苏大部棉花都能正常吐絮，霜前花比率达80%以上，表现出了良好的丰产性（陈金梅，2010）。

9.1.5　对新疆畜牧业生产的影响

9.1.5.1　气候变化可能有利于中亚干旱区山地草原生态系统生产力的提高；但日益增强的放牧活动导致其净初级生产力显著降低

以天山北坡三工河流域为例，1959—2009年气候变化致使研究区各海拔梯度草原生态系统净初级

生产力(ANPP)整体均呈上升趋势,但在放牧联合作用下,不同草原类型 ANPP 变化趋势差异显著;放牧导致森林草甸草原和高寒草甸草原的 ANPP 呈下降态势。随着放牧强度增加,低山干旱草原的 ANPP 呈先增后减趋势,且在干旱年份最为显著。这些结果表明,1959—2009 年气候波动可能有利于中亚干旱区山地草原生态系统生产力的提高,但日益增强的放牧活动导致其净初级生产力显著降低;放牧对森林草甸草原与高寒草甸草原生产力的负面效应随放牧强度增加而增强,但适度放牧可能促进低山干旱草原净初级生产力,尤其在干旱年份(图 9.4;周德成,2012)。

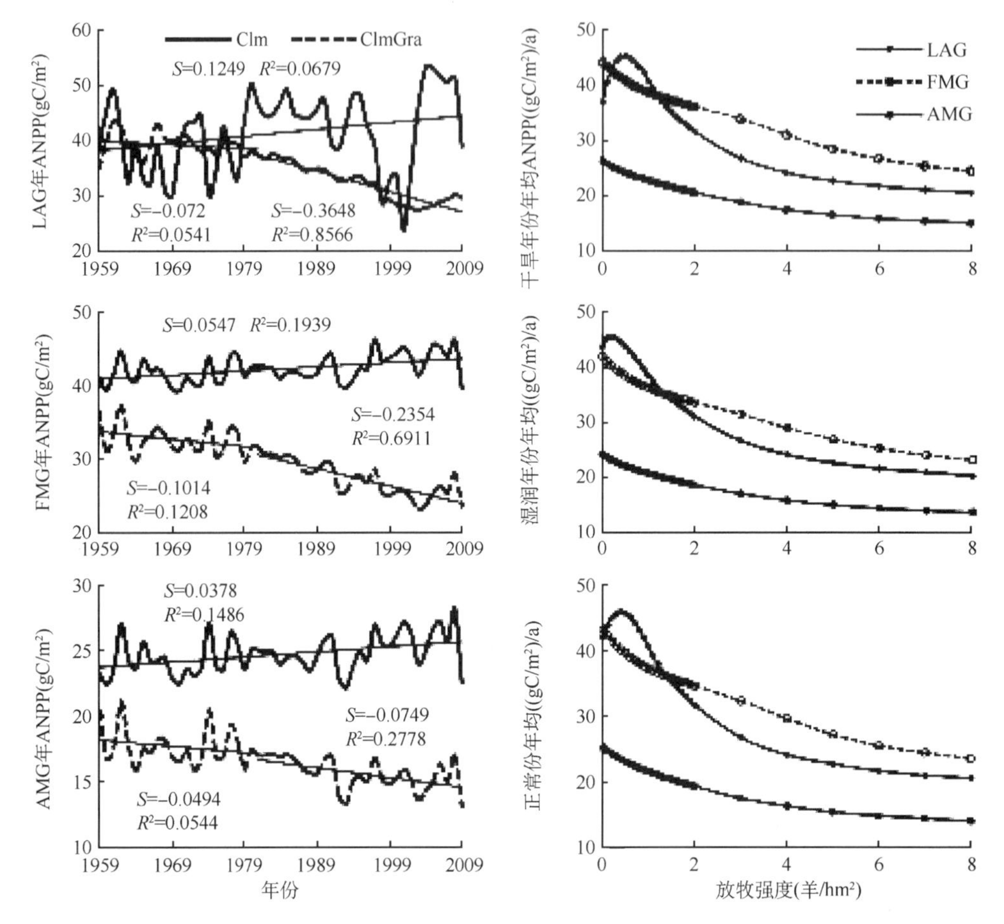

图 9.4　1959—2009 年低山干旱草原、森林草甸草原和高寒草甸草原年地上净初级生产力的年际变化及线性拟合曲线(P<0.05)及三种山地草原生态系统年地上净初级生产力均值随放牧强度增加的变化趋势

9.1.5.2　气候变化对新疆草原牧草生长的影响

新疆白杨沟牧试站 2003—2009 年天然草场生态环境气象监测的牧草生长期及气候观测资料分析表明:牧草生长发育受温度、降水的影响较大,春季温度高可使牧草返青期提前,而降水多的年份牧草生长期明显增加,黄枯期延后(阿不都沙拉木·阿扎提,2011)。2001—2010 年巴里坤县气象条件对不同类型天然草地的影响分析也表明:夏秋两季降水量的增加有利于牧草的生长(李小锋等,2011)。

9.1.5.3　对牲畜疾病的影响

家畜疾病的种类很多,随时都可能发病,但由于草原生态气候环境的不同,在不同草原类型、不同季节,家畜疾病的种类和危害程度也会不同。一般说来,多雨潮湿的暖季是胃肠道疾病、寄生虫病发生的基本条件,多发生胃肠道传染病、牛皮蝇、马、羊鼻蝇和日射病、热射病;寒冷的冬季易患风湿病、关节炎、呼吸道传染病和冻伤;在气候多变的季节,多发生羔羊痢疾、支气管炎、肺炎、鼻炎等疾病(李红梅等,2010)。

9.1.6　对新疆区域农作物病虫害的影响

9.1.6.1　气候变化使棉花病虫害的发生程度与面积不断扩大

气候变暖与病虫害发生有密切关系，暖冬有利于棉花病虫安全越冬，这使翌年棉花病虫危害提前发生，发生程度与面积不断扩大。同时，热量增加促使病虫繁殖加快，危害期延长。如棉铃虫，近年来在乌苏市逐渐由次生害虫上升为主要害虫，发生态势日趋严重。特别是2008年，棉铃虫由过去的二、三代危害棉花上升为从一代就开始危害棉花，增加了防治成本(陈金梅等，2009)。

气候变暖，害虫的生长、繁殖、越冬、迁飞等生态学特征均将受到影响。1964年首次在和田地区墨玉县试验站发现了棉花枯萎病，随后到80年代末，病情基本得到控制，但是，到了20世纪90年代，和田地区开始大面积发生，1991年发病面积达149.5 hm^2，分布于46个乡镇。1992年全地区棉花枯萎病面积比上年增加了近666.7 hm^2，分布扩大到63个乡镇。随后几年，发病面积迅速增加，到1996年全地区扩大到1150 hm^2，绝产1261.3 hm^2(艾尼瓦尔·依沙木丁等，2004)。

9.1.6.2　气候变化使草地螟越冬基数增大、危害期延长

草地螟是我国华北、东北和西北农牧业生产的重要害虫之一，在新疆主要分布在阿勒泰地区，和田地区也有报道，具有暴发性、迁移性和毁灭性等特点，严重阻碍了新疆农牧业的发展。草地螟在阿勒泰地区一年发生2代，以一代幼虫为主害代，为害高峰期在6月中下旬。阿勒泰地区2001—2010年冬季平均气温比20世纪90年代偏高，导致草场草地螟越冬代成虫羽化期提前，越冬蛹成活率提高。和田地区2009年3—4月气温较常年偏高，于田县平原区4月21日诱到第一头成虫，较2008年早14 d，且在6月27日最高诱蛾量为1591头，达到有史以来单日最高诱蛾量。近年来对新疆草地螟危害区域的调查结果表明，在海拔3500～4500 m的昆仑山脉的和田发现有第二代幼虫危害，是我国目前记录的草地螟发生危害海拔最高的地区。随着草地螟危害面积逐渐扩大，大面积未防区域内的草地螟二代幼虫结茧越冬，为来年草地螟的发生埋下了隐患(李广华等，2011)。

9.1.7　对新疆区域自然植被生产潜力的影响

9.1.7.1　气候变化使自然植被净第一性生产力增加

受气温、降水量空间分布格局的共同影响，新疆的自然植被净第一性生产力(简称NPP)表现出非常悬殊的区域性差异：天山山区由于降水相对充沛，气候温凉，温湿条件配合较好，是新疆NPP最高的地区，一般为2.5～5.7 t/hm^2；北疆次之，NPP为1.1～4.1 t/hm^2；南疆除天山南麓狭窄的冲积、洪积地带NPP为0.7～1.6 t/hm^2外，大部分地区低于0.4 t/hm^2，塔克拉玛干沙漠及其以东地区，吐鲁番、哈密盆地NPP小于0.1 t/hm^2。

在暖湿化气候影响下，1961—2008年，新疆各地NPP以0.001～0.3 t/(hm^2·10a)的倾向率递增，其中，北疆大部和天山山区倾向率相对较高，为0.13～0.26 t/(hm^2·10a)，天山北坡中山带的山地森林草甸草场倾向率达0.27～0.3 t/(hm^2·10a)；南疆大部NPP倾向率小于0.1 t/(hm^2·10a)(图9.5)(张山清等，2010)。

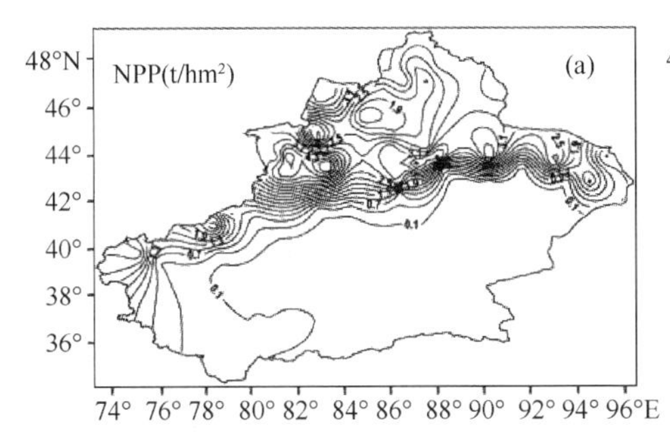

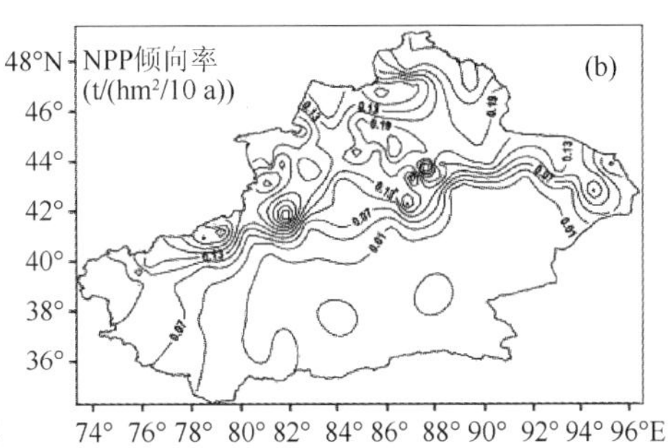

图9.5　新疆NPP(a)及其变化倾向率(b)空间分布

9.1.7.2 气候变化使牧草气候生产潜力呈增加趋势

新疆伊犁河流域牧草的气候生产潜力随季节变化:春季随着气温的升高,牧草生长逐渐旺盛,气候生长潜力由小到大,秋季气温逐渐下降,其值由大变小。水热条件较好的是4—10月,即植物生长的主要季节,牧草的生产潜力较大,尤其是5—7月;而冬季牧草停止生长,其气候生产潜力为0。从区域分布来看,伊犁河流域牧草气候生产潜力区域差异较大,与降水量分布情况相似,山区大,平原小。

1961—2007年,伊犁河流域气候生产潜力呈增加趋势,变化率为48.27%,尤其是2000年至2007年,增加速度不断加快。从年代际变化来看,相对于近50年的均值,20世纪90年代之前,伊犁河流域各气候区气候生产潜力多为负距平,但总体呈增加趋势;90年代至今多为正距平,显著偏大,尤其2000年以来。伊犁河流域气候暖湿化趋势明显,有利于植物干物质的积累,牧草气候生产潜力增长趋势明显(孙慧兰等,2010)。

9.1.8 对南疆特色林果的影响

9.1.8.1 冬季变暖变湿对南疆特色林果安全越冬有利,但也导致病虫害增多

近50年来,南疆5个区域(巴州北部、巴州南部、阿克苏地区、克州和喀什地区、和田地区)冬季的平均气温、平均最低气温均呈增高的趋势,尤以冬季平均最低气温的增幅更大,对果树的安全越冬较为有利。同时,南疆5个区域冬季降水量也均呈现增多趋势,且由南到北增多幅度增大。尤其是进入21世纪以来,降水明显增加,对增加冬季林果的田间土壤水分十分有利,对减轻南疆农业灌溉用水矛盾也起到了一定作用。

但冬季温暖也使许多害虫和细菌虫卵等有害生物更易过冬,降水增多也有利于林果的各类病虫害生长,有害生物大量繁殖、蔓延,会使林果减产,甚至导致果树死亡。如随着若羌县冬季气温的变暖、湿度的加大,病虫害的发生越来越成为制约若羌红枣产业发展的主要因素(程华等,2009)。

9.1.8.2 在气候变暖的大背景下,近10年来异常冷事件出现的概率却在增加,致使林果发生冻害的可能性也在加大

南疆冬季各区域低温等级(−18.0℃<日最低气温≤−15.0℃、−20.0℃<日最低气温≤−18.0℃、−25.0℃<日最低气温≤−20.0℃、日最低气温≤−25.0℃)日数2001年以来一致表现出增加的趋势,表明2001年以来虽然区域呈现气候变暖的特征,暖事件出现的概率较高,但是气候极端性增加,异常冷事件的出现概率也在增加,导致林果遭遇冻害的可能性也在加大。如,2008年1月16日—2月6日,巴州地区日最低气温低于−20℃的天数共计23 d,低温持续时间之长,是该地区有气象资料以来的最低值,香梨树遭受了严重冻害。

此外,南疆冬季极端最低气温出现的年份基本与冬季平均最低气温最冷年相对应。进入21世纪以来,随着全球气候变暖,南疆大部地区冬季极端最低气温虽然较有气象记录以来的极值有所上升,但仍达到−28.7~−20.7℃,使得塔里木盆地部分地区果树遭受严重冻害的可能性依然较大。

9.1.8.3 早春气候变化有利于春季林果的早发与萌芽,但花芽膨大期提早增加了遭遇低温冻害的风险

近50年来,南疆5个区域早春(3—4月)平均气温、平均最低气温均呈现增暖趋势,尤其进入21世纪以来,各区域早春平均气温、平均最低气温明显偏高,均为近50年最高的时段。南疆特色林果物候观测和调查资料表明:受气候变暖尤其是冬、春季节增温的影响,2000年以来杏、香梨等林果的花芽膨大期普遍比80年代提前3~7 d,大多出现在2月下旬—3月中旬。由于近10年来南疆主要林果种植区终霜日大多出现在3月中、下旬。因此,果树花芽膨大期的提早明显增加了林果遭遇低温冻害的风险,对春季果树的萌芽危害较大。

9.1.8.4 早春霜冻日数、单站寒潮的区域年平均次数增加,对林果春季生长不利

近50年来,南疆环塔里木盆地五个区域的早春霜冻日数呈增加趋势,极多年出现在90年代以后。

同时，南疆各区域早春单站寒潮的区域年平均次数也均呈缓慢增多趋势；且2001年以来的平均值与1961年以来的平均值相比，除巴州北部外其他四个区域均有所增加。南疆特色林果物候观测和调查资料表明：2000年以来，环塔里木盆地林果种植区主要果树开花期大多出现在3月下旬至4月下旬。随着气候变暖，2000—2010年香梨始花期明显偏早（李小川等，2012）。因此，早春霜冻日数增加的趋势以及区域寒潮年平均次数的增加，可能会对春季林果的开花授粉及坐果带来潜在的威胁。

9.1.9 气象灾害对新疆区域农业的影响

9.1.9.1 气象灾害对棉花生产的影响

（1）1997年风灾。5月9日，和田地区棉花生产遭风暴袭击，导致两个县、九个乡镇3015.7 hm^2棉花受灾，有910.4 hm^2棉田绝产，按1997年棉花平均单产61 kg计算，直接减产833吨。1999年，由于受到两次风灾危害，棉花总产比1998年减少15.07%（艾尼瓦尔·依沙木丁等，2004）。

（2）2001年7月28日—8月1日，北疆主要棉区气象台站2～3 d内日最高气温从36℃左右下降到17～18℃，下降幅度达17℃以上；过程降水量在12.1～38.9 mm之间，连续下了4 d，几乎没有中断过，连续降水量是历史同期最大值；7月29—31日连续3 d日照时数为0。天气过后，北疆大部棉区棉花上部叶片萎蔫，部分呈开水烫浸状，继而叶片发红枯黄，大量花和幼铃脱落，并且虫害严重、盐碱地、长势差和受旱严重的棉田这种现象尤为严重，严重影响了当年北疆棉花的产量和品质（李新建等，2002）。

（3）2003年6月28日和29日下午，两场历史上罕见的特大冰雹袭击阿瓦提县，冰雹持续时间长达20分钟，最大直径2 cm，地面积雹5～10 cm，棉花受灾面积7500 hm^2，占全县棉花种植面积的1/4。其中被打成光秆的绝产棉田3390 hm^2，重灾面积2494 hm^2，轻灾面积600 hm^2（杨媛媛等，2004）。

9.1.9.2 近十年异常气候对米泉水稻生产的影响

（1）2003年7月的连续阴雨和异常低温。2003年7月共有21 d有雨，连续降雨使气温一直偏低，该月的月平均气温较历年偏低2℃，尤其是7月28—30日出现了罕见的低温天气，日最低气温分别为14.2℃、11.6℃、13.1℃，这种低温连阴雨天气使水稻花粉母细胞受冻致死，严重影响了花粉的发育，导致了空秕率的增加。

（2）2004年盛夏持续高温天气。2004年7—8月，米泉地区持续出现高温天气，其中7月份日最高气温在35℃以上的高温天数有9 d，尤其是7月11—17日，连续7 d最高温度都在35℃以上，平均气温都在30℃以上，甚至14日出现了日最高为43.7℃的高温历史极值，这种连续高温状况造成水稻灌浆速度加快，大米品质下降，精米率下降。

（3）2005年春季连续高温。2005年4月23日起，气温回升迅速，日平均气温达20℃，下旬日最高气温在25℃以上的天数有5 d，连续高温天气使水稻秧苗被高温烧死，造成大面积的秧苗短缺。

（4）2006年5月上旬低温。2006年5月上旬，旬平均气温仅为12.2℃，较历年偏低了4.9℃，尤其是5月7—9日最低气温在5℃以下，这种连续低温使插入大田的秧苗受冻致死，造成米泉地区及北疆水稻种植区大面积缺少秧苗甚至弃荒。

（5）2007年异常偏多的夏季降水。2007年夏季降水偏多，是历年同期降水的2倍，降水天气多、气温偏低，水稻生长缓慢，成熟期推迟，倒伏严重。（张晓黎等，2008）

9.1.9.3 气象灾害对南疆特色林果业的影响

（1）2008年初塔里木盆地低温阴雪过程。2008年1月以来，新疆大部分地区气温持续偏低，塔里木盆地1月下旬至2月上旬异常偏低，盆地内大部分地区连续9 d日平均气温低于－20℃，最低温度达－28.7℃；一些地区创下有气象记录以来最低气温极值，南疆林果业种植区发生大面积、大规模、多品种受灾，受灾面积和受灾强度为历史罕见。据林业部门初步统计：全区林果直接经济损失达29.36亿元，占到全区大农业损失的61.88%；受灾林果面积达70.3万亩，占全区林果总面积的54%，其中核桃、红枣幼树受灾面积占新定植的35%以上。全区60%的育苗基地遭受冻害，苗木枝条抽干现象严重；红枣、核桃嫁接苗木受灾面积占新育面积的70%以上。

（2）2002年12月下旬至2003年1月上旬，哈密地区出现了1958年以来最罕见的低温降雪天气，最低气温降至－28.9℃，－26℃以下的气温持续了6 d，－20℃以下的气温持续了20 d，使哈密地区的果树遭受了历史上最严重的冻害，果农遭受了巨大的经济损失。

(3)2006年4月9—11日，全疆出现强寒潮天气。其中，喀什地区先后出现了大风、降温、沙尘暴、冰雹、大降水、浮尘等灾害性天气，天气的复杂程度居历史第一位。叶城、莎车、英吉沙、疏附等县的山区乡普降大雪，局部区域积雪厚度达10～20 cm。异常天气致使喀什地区尤其是海拔1500米以上的山区乡镇露地栽培的果树普遍遭受冻害，杏树、核桃、巴旦木等果树的花芽和一年生核桃的枝条严重受冻，使2006年喀什部分地区的林果减产。

9.2 未来气候变化对新疆区域农业生产的可能影响

9.2.1 对农作物产量、品质、农业成本的可能影响

未来气候变化可能使新疆区域农业生产的不稳定性增加，产量波动加大。气候变化同时也会对农作物的品质产生影响，在二氧化碳加倍的条件下，冬小麦和玉米的氨基酸和粗蛋白含量均呈下降趋势，对棉花纤维的影响则不显著(张丽娟等，2006)。由于局部干旱高温危害加重，气象灾害造成的农牧业损失加大。农业生产条件的改变，使得农业成本和投资大幅度增加。此外，气候变化对农业的影响，还涉及水资源、林业以及农业环境的相互作用，其结果可能进一步增大农业的脆弱性。

9.2.2 对种植制度可能的影响

气候变化对农业的总体影响，首先表现为全球变暖可使世界主要粮食带向高纬度地区扩展。由于气候变暖，将使新疆区域的适宜生长季开始日期提早、终止日期延后，农作物潜在的适宜生长季有所延长。未来气候变暖使新疆农业热量资源更为丰富，在水分满足要求的地方，两年三熟的种植区域可能北移。

9.2.3 对农业气象灾害的可能影响

气候变化对农业灾害的影响。在气候变化的大背景下，异常气候出现的概率将大大增加，尤其是极端天气现象的增加，势必导致新疆区域粮食生产的不稳定，造成巨大损失。未来气候变化可能会加重局部地区干旱、夏季高温、局地暴雨的发生态势，影响棉花、玉米等农作物的产量形成。气候暖化、降水量和降水模式变化将影响作物病虫害的分布、发育、存活、迁移、生殖、种群动态和大暴发。

9.2.4 对草场生产力的可能影响

未来山区降水量或冰雪融化水量的增加，使草场生产力和载畜量提高，典型草原和荒漠草原载畜量也将增加；高寒牧区温带荒漠、高寒草原面积虽然将出现较大缩减，但气温升高可提高草地生产力，延长放牧时期，载畜量也随着温度升高而增加。

9.2.5 对农作物病虫害的可能影响

未来气候变暖利于病、虫的发生和繁殖蔓延。温度升高会使目前那些受温度限制的病虫活动范围扩大，虫口繁殖率提高，大多数病虫害在变暖变湿的条件下会更严重地危害农业生产。冬季温度的升高，不仅有利于冬小麦、特色林果等的安全越冬，而且有利于病虫害的越冬、繁殖，促使病原、虫源基数增多。

9.3 新疆区域农业适应气候变化策略

9.3.1 应对气候变化的农业技术措施

9.3.1.1 调整耕作制度，提高复种指数

气候变暖总的来说将有利于多熟制的发展，带来熟制的改变、作物品种结构的改变。复种面积将

扩大,复种指数将提高。相关地区可以根据水资源和当地小气候的具体情况,调整农业种植结构以及品种结构。在南疆部分地区,可以提高复种指数,如增加麦—玉米两熟、麦—菜两熟、果粮间作、果棉间作的面积。可在气候变化环境下的光、温、水资源重新分配和农业气象灾害格局的基础上,改进农作物的品种布局。

9.3.1.2 加强农业水利基础设施建设

需要加强农业基础设施建设,完善灌溉体系,提高抗旱排涝的能力,尤其是要加强渠系固化防渗、浅层地下水开发和配套工程建设,优化灌渠的输水功能,减少输水渠道漏水、渗水,提高水资源利用率。

9.3.1.3 大力发展节水农业种植技术

气候变暖和干旱将使水分成为困扰新疆农业发展的重要因素,应大力发展节水农业。改善灌溉系统和灌溉技术,推行喷灌、膜下滴灌和管道灌,加强用水管理,实行科学灌溉;改进抗旱措施,开发节水高效种植模式和配套节水栽培技术。推广农业化学抗旱技术,如利用保水剂作种子包衣和幼苗根部涂层、在播种和移栽后对土壤喷洒土壤结构改良剂、用抗旱剂和抑制蒸发剂喷湿植物和水面以减少蒸腾和蒸发、开发活性促根剂促根抗旱;推广地膜或秸秆覆盖技术与节水农业发展模式来抑制蒸发。

9.3.1.4 加强农业灾害性天气的预警与响应能力建设

气候变化导致新疆农业气象灾害出现一些新的变化,总的趋势是极端天气气候事件发生频繁、灾害强度更大。因此,必须加强气候灾害预警与响应能力建设,完善气象综合监测体系,建设农村气象监测网,加强强对流、干旱、冰雹、大风沙尘等灾害性天气监测预警平台建设和应急服务系统建设,把气象技术、遥感技术和计算机通信技术等先进技术相结合,建立区地县三级农业生产气象保障系统。加强对低温严寒、强对流天气、暴雪、干旱、大风沙尘等农业灾害性天气中长期预测预报、预警能力。另一方面要加强人工影响天气的能力和应急反应能力建设,特别对突发的冰雹、季节性干旱及寒潮,以便农业生产者提前做好防范工作,采取必要的措施来防灾减灾,最大限度减少极端气象事件对农业的影响。

9.3.1.5 选育抗逆性强的农作物新品种,增强农作物抵御自然灾害的能力

随着气候变化,一些地区原有的一些农作物品种可能不能适应气候变暖的环境,从而出现减产与受灾等问题。因此,科研机构应选育抗逆性强的农作物新品种,增强农作物的抗逆性:包括耐高温、耐干旱、抗病虫害的优质农作物新品种,以应对气候变暖和极端天气气候事件的影响。

9.3.1.6 发展设施农业,提高农业抗御自然灾害的能力

塑料大棚、温室可以在一定程度上抵御严寒、干旱、暴雨、病虫害等灾害,研究与推广农业的高产、稳产措施,开发利用空中水资源,增强农业抗旱能力。

9.3.1.7 提高牧业适应气候变化的能力

合理轮流放牧与季节性放牧,围栏封育与休牧,减少放牧强度;强化饲草储备和棚圈建设,提高抗灾和防灾能力;发展集约化草原畜牧业,实行牧草区域化种植。

9.3.2 应对气候变化的农业适应性政策措施

9.3.2.1 加强相关法律法规的制定和实施

逐步建立健全以《中华人民共和国农业法》、《中华人民共和国草原法》、《中华人民共和国土地管理法》等若干法律为基础的、各种地方行政法规相配合的、能够改善农业生产力和增加农业生态系统碳储量的法律法规体系,加快制定农田、草原保护建设规划,严格控制在生态环境脆弱的地区开垦土地,不允许以任何借口毁坏草地和浪费土地。

9.3.2.2 强化高集约化程度地区的生态农业建设

通过实施农业面源污染防治工程,推广化肥、农药合理使用技术,大力加强耕地质量建设,科学施

用化肥，引导增施有机肥，全面提升地力，减少农田氧化亚氮排放。

9.3.2.3 进一步加大技术开发和推广利用力度

研究开发优良反刍动物品种技术，规模化饲养管理技术，降低畜产品的甲烷排放强度；进一步推广秸秆处理技术，促进户用沼气技术的发展；开发推广环保型肥料关键技术，减少农田氧化亚氮排放；大力推广秸秆还田和少（免）耕技术，增加农田土壤碳贮存。

9.3.2.4 加强土地合理利用

科学合理使用土地是提高适应气候变化能力的必要条件，保护湿地、草原和森林，在气候变化的脆弱区域实施退耕还湿、退耕还林、退林还草，维护良好的生态环境，保护生物多样性，从而维护良好的小气候条件、生态环境。

9.3.2.5 制订减灾应急预案

各地应根据自然环境和农业自然灾害发生规律，制定防旱抗涝、抵御寒潮、大风、病虫害等各种自然灾害的减灾应急预案，确定农业生产避灾减灾的种植模式，以提高农业适应气候变化的能力。

9.3.2.6 积极推广农业保险

为了分担气候灾害所带来的风险，减轻农民因气象灾害所带来的损失，应当积极推广农业保险。近年来我区以及兵团等地已开展了农业保险的试点，对于防灾减灾、稳定农民收入起到良好的作用，应总结经验，在更大的范围内推广农业保险。

第10章　气候变化对生态的影响适应

新疆是一个干旱地区，天然植被稀疏，生物量低，森林覆盖率仅为1.92%，不足全国森林覆盖率的1/8，天然草场中有40%为植被覆盖度很低的荒漠草场，适宜于人类生存的绿洲面积占国土面积的3.96%；沙漠戈壁面积却占到1/3，且分布广泛，全疆有61%的县市处于沙漠戈壁的包围之中。平原区生态环境，尤其是荒漠生态主要依靠地表和地下径流维系着脆弱的平衡，自然生态系统的稳定性低，生态系统平衡易遭破坏，且难以恢复。新疆是一个相对封闭的内陆自然区域，由高山到平原，按流域形成了垂直自然生态类型变化明显的独特自然生态系统，既发育有森林、草原、河流、湖泊等生态系统，还发育了最为典型的绿洲与荒漠生态系统，且变异性大。新疆处于欧亚森林亚带、欧亚草原区、中亚荒漠亚区、亚欧中部荒漠亚区和中国喜马拉雅植物亚区的交汇地带，植物资源的种类比较丰富，地区特点性强。

10.1　观测到的气候变化对生态系统的影响

10.1.1　对土地荒漠化的影响

新疆是中国荒漠化土地面积最大、分布最广、危害最严重的省区。全区87个县(市)中有80个县(市)和兵团98个农垦团场不同程度地分布有荒漠化土地，是我国荒漠化面积最大、分布最广的省(区)。严重的荒漠化，不仅导致土地资源锐减，土地生产力下降，沙尘暴等自然灾害频繁发生，而且导致贫困加剧。

据2000年调查新疆荒漠化总面积为1.09亿hm^2，占监测区(不包括湿润区、极干旱区，约1.43亿hm^2)总面积的75.98%；非荒漠化土地(分布在天山、阿尔泰山的中高山呈带状分布及部分绿洲区)面积为2750万hm^2，占24.02%。在荒漠化土地中，荒漠化耕地面积为375万$\times10^6$ hm^2，占3.45%；荒漠化林地588万hm^2，占5.41%；荒漠化草地4390万hm^2，占40.40%，荒漠化未利用地5510万$\times10^7$ hm^2，占50.74%。在荒漠化程度中，轻度荒漠化774万hm^2，占5.42%；中度荒漠化2210万hm^2，占15.47%；重度荒漠化3310万hm^2，占23.18%；极重度荒漠化4560万hm^2，占31.91%。新疆荒漠化总面积占国土总面积的65.21%，其中重度以上荒漠化土地面积达7870万hm^2，占国土面积的47.29%。在荒漠化类型中，风蚀7810万hm^2，占54.69%；水蚀1600万hm^2，占11.19%；盐渍化939万hm^2，占6.57%；冻融505万hm^2，占3.53%。风蚀分布在两大盆地及平原地带，水蚀分布在山地及伊犁河谷地带，盐渍化与风蚀交错分布，冻融只分布在天山、阿尔泰山及昆仑山的雪线以下地带。

在2000年调查监测之前新疆没有进行全面、准确的荒漠化调查，根据国家林业局1995年的统计，新疆荒漠化总面积为1.04亿hm^2，其中风蚀6750万hm^2，水蚀842万hm^2，盐渍化1020万hm^2，冻融358万hm^2，其他荒漠化土地1470万hm^2。根据2000年调查统计，新疆荒漠化土地总面积为1.09亿hm^2，比1995年增加了421万hm^2，以往的观念认为耕地及山区天然林没有荒漠化或较轻，而本次监测的结果表明：耕地和林地荒漠化已较为严重，耕地荒漠化面积占耕地面积的80.40%，林地荒漠化面积占林地面积的69.83%。根据2000年的调查数据相对1994年的沙地荒漠化面积进行比较，我区的沙质荒漠化面积正在以每年10.5万hm^2的速度增加。

新疆的土地荒漠化还在发展，森林的采伐及过牧导致水蚀，塔里木河流域的开垦使荒漠化加重，艾比湖、玛纳斯湖的缩小导致湖底裸露，乱垦破坏荒漠化植被使土层外露疏松。由于水源不足及管理不当而弃耕使土地直接严重荒漠化，过牧使山地草场生物量减少而无法恢复，樵采、挖药、牧羊直接破坏沙生植物，使沙地活化。从而形成“人口增加—毁林开荒—取粮—肥力丧失—再垦”的恶性循环，加快了荒漠化进程，形成局部治理改善而大范围荒漠化增加的局面，治理任务非常艰巨。

10.1.2 对沙漠化的影响

新疆沙漠化土地分布较广，北起北纬47°30′阿尔泰山南麓山前倾斜平原，南抵北纬36°20′的昆仑山北麓，跨越11°，宽达1200千米；向东延至东经96°21′到甘新和中蒙边境，西到东经75°50′与哈萨克斯坦荒漠相接，跨越21°，长达1700余千米。

新疆沙漠化土地垂直分布比较悬殊，昆仑山库木库里盆地海拔3900～5000米，塔里木盆地为780～1400米，准噶尔盆地为179～1000米，吐鲁番盆地的艾丁湖为－154米。

在广袤的荒漠中，新疆境内分布有中温带、暖温带和高寒带三类沙漠。在北疆分布有5片沙漠，即古尔班通古特沙漠、乌苏沙漠、福海—富蕴沙漠、布尔津—哈巴河—吉木乃沙漠、霍城塔克尔莫乎儿沙漠；南疆分布有两片沙漠，即塔克拉玛干沙漠，阿克别勒沙漠；东疆分布有两片沙漠，即库姆塔格沙漠、鄯善库姆塔格沙漠；高寒的阿尔金山分布有库木库里沙漠。

戈壁是新疆仅次于沙漠的沙漠化土地，主要分布在阿尔泰山南坡、天山南北坡、昆仑山北坡和一些山间盆地的山前洪积倾斜平原，沉积物以卵砾石为主，河流在此下切很深，有多级阶地和套生的洪积扇发育，在干旱低山丘陵发育区有风化岩片碎石戈壁。新疆分布较广的大戈壁有将军戈壁、老爷庙戈壁、淖毛湖戈壁、南湖戈壁、喀顺戈壁、库木库里戈壁，其中东疆地区戈壁比较集中，其形式呈波状起伏的砾剥蚀平原或成岛山分布的石质平原和台阶状的剥蚀高地。

风蚀残丘主要分布在罗布泊、吐鲁番盆地、乌尔禾谷地的洪积细土平原，湖积平原高台地。由于地表光裸，受强烈风蚀而形成起伏土丘，进一步风蚀形成雅丹。

罗布泊是我国最大的风蚀残丘区之一，主要由四片组成，孔雀河下游风蚀残丘，分布在龙城至楼兰古城一带，在泥岩、沙质泥岩、沙岩基础上发育而成，东西长40千米，南北宽约160千米，残丘高度20～25米，长30～50米；白龙滩风蚀残丘分布在罗布泊东北部，是在灰白沙泥岩夹石膏层的基础上发育而成，东西长20千米，南北宽约80千米，残丘高10～20米，长200～500米；三龙沙风蚀残丘，分布在阿奇克谷地三龙沙以东一带，是在浅棕色泥岩和沙岩互层基础上发育而成，东西长约10千米，南北宽10千米，残丘高15～20米，长200～300米不等；阿奇克谷地零星风蚀残丘，分布在罗布泊东部阿奇克谷地中，残丘高度10～20米，长30～50米，宽度20～30米。

乌尔禾地区"风城"形态为主的风蚀残丘，是发育在白垩纪岩层叠为主的构造台阶上，由岩性软的沙岩和泥岩水平互层所组成，因地层含有盐分，显得格外疏松，受大风吹蚀，长期风化剥蚀，在暴雨侵蚀的基础上，形成了"城堡"、"尖塔"、"土柱"等为主的各种风蚀残丘。

据2000年调查沙化土地监测总面积为1.60亿hm^2（包括极干旱，半干旱和亚湿润干旱区）。其中沙化土地7460万hm^2，占46.68%，非沙化土地8520万hm^2，占53.32%。在沙化土地中，流动沙地面积为2830万hm^2，占37.92%；半固定沙地面积为1020万hm^2，占13.65%；固定沙地477万hm^2，占6.40%；风蚀劣地面积为63.9万hm^2，占0.86%；戈壁面积为3070万hm^2，占41.17%；闯田面积为1560hm^2，占0.004%。在沙化土地中，沙质土地（沙漠）面积为4320万hm^2，占57.98%，非沙质土地3130万hm^2，占42.02%。在沙质土地（沙漠）中，流动沙地占65.414%，半固定沙地占23.543%，固定沙地占11.039%，闯田占0.004%。

根据2000年的调查数据相对1994年的沙漠化数据进行比较，我区的沙质土地（沙漠）有所增加，以每年约3.84万hm^2的速度增加；塔克拉玛干沙漠增加了17.5万hm^2（0.5%），古尔班通古特沙漠增加了2.57万hm^2（0.53%）。主要是由于沙区四周在不断地扩大及部分沙地的活化而形成新的沙地，塔克拉玛干西南部沙地在不断扩大，和田河的部分地段沙丘前移已将原林带埋没，有些地方治理，而有些地方沙丘在不断前移；固定和半固定沙地有所增加，而流动沙地减少。

10.1.3 对草地退化的影响

新疆作为我国五大牧区之一，天然草地分布区域广，主要由山区天然草地和平原荒漠天然草地组成。其中，山区天然草地与天然林一起构成了新疆山区生态系统，是新疆涵养水源、防止水土流失、发展山区草原畜牧业和养育少数民族牧民的重要资源和生态屏障。平原区天然草地与荒漠林一起构成了绿洲外围荒漠生态环境，是绿洲的天然屏障和防风固沙的第一道防线，也是平原畜牧业发展的重要资源。天然草地是新疆生态系统的重要组成部分，对新疆整个生态环境的改善具有举足轻重的作用，并具有维护生态环境和促进经济发展的双重功能。

新疆所处的特殊地理位置与复杂的生态地理环境，形成了丰富的植物资源。据以往资料和近期调查整理统计，有高等植物 3569 种(含亚种和变种)，分属 108 科、687 属，占全国植物区系总科数的 30.5%、属数的 21.6%和种数的 12.1%。据调查统计，可作为家畜饲用的天然野生牧草数量可达 2930 种，其中在草地中分布数量最大、饲用价值较高的有 382 种，占牧草资源总数的 13.04%。在新疆草地牧草中，具有栽培价值的种类也相当丰富，据统计新疆栽培牧草及其野生近缘植物约有 3 科、31 属、380 多种，已经在生产中栽培的就有 40 种。其中豆科牧草有 17 种，禾本科牧草 19 种，藜科 4 种。

新疆草地类型按草地植被类型组归纳，有草原、荒漠、草甸、沼泽四个类组。

新疆草原草地，包括温性荒漠草原、温性草原、温性草甸草原、高寒草原和高寒荒漠草原等五个草地类。在干旱荒漠气候控制下的新疆，草原草地除阿尔泰山南麓冲积扇上部和天山北麓山前倾斜平原存在平原荒漠草原片段外都发育在山地。分别占全疆草地总面积和可利用面积的 29.0%和 31.6%，仅次于荒漠草地。

荒漠草地在新疆分布广，面积大，它包括温性草原化荒漠、温性荒漠和高寒荒漠三大草地类。其中温性荒漠草地不仅占据着天山南北各山地的山前倾斜平原、冲积平原、湖积平原和部分沙漠，而且上升到低山带。在干旱的南疆山地甚至分布到中山和亚高山带。高寒荒漠主要分布在帕米尔高原和昆仑山、阿尔金山海拔 4000 米以上高山区。其面积占全疆草地面积和可利用面积的 46.9%和 42.6%，居第 1 位。其中温性荒漠草地占荒漠草地 96%，高寒荒漠草地占 4%。

新疆草甸草地分布面积仅次于荒漠和草原草地，包括低地草甸、山地草甸和高寒草甸三种类型。其面积分别占全疆草地面积、可利用草地面积的 23.6%和 25.2%。

新疆沼泽草地分布面积不大，分别占全疆草地面积和可利用面积 0.47%和 0.5%，主要分布在南北疆各大河流下游或河口、河漫滩、湖泊周围、山前潜水溢出带山间低位盆地的湖滨和山地高位盆地等。植被是由湿中生多年生根茎禾草和莎草类组成。

根据调查，新疆草地总面积从 1986 年的 5730 万 hm^2 到 1999 年的 5600 万 hm^2 减少 124 万 hm^2，平均每年减少 9.57 万 hm^2。其中北疆地区减少 69.2 万 hm^2，平均每年减少 5.30 万 hm^2，南疆地区减少 53.5 万 hm^2，平均每年减少 4.10 万 hm^2；东疆地区减少 1.60 万 hm^2，平均年年减少 0.12 万 hm^2。兵团减少 8.13 万 hm^2，平均每年减少 0.60 万 hm^2。可利用草场减少面积分别占各片区可利用草地面积(1986 年可利用草地面积)的比是：北疆 3%，南疆 2%，东疆 0.4%，兵团 3.8%。北疆地区以昌吉州、伊犁河谷地区、塔城地区和阿勒泰地区可利用草地面积减少最大，平均每年减少 1.1 万～1.8 万 hm^2；南疆可利用草地减少面积以阿克苏地区最大，平均每年减少 2.00×10^4 hm^2，其次是喀什和巴州，平均每年分别减少 1.2 万 hm^2 和 0.7 万 hm^2

草地植被退化面积逐步扩大，1986 年新疆不同程度草地退化面积为 3330 万 hm^2，占可利用草场面积 4800 万 hm^2 的 69.4%，草地超载率为 30.36%。到 1999 年全疆不同草地退化面积 3740 万 hm^2，占可利用面积 4680 万 hm^2 的 80.1%，草地超载率为 87.49%。新疆草地退化除天山中山带夏牧场退化不明显外，其余各类草地均发生不同程度的退化现象，主要退化草地类型为荒漠草地。由于草地承载力逐年加大，草地自然更新能力失衡，造成草地产草量下降。新疆和平解放以来草地生产量下降了 35.4%～73.3%，而且牧草的组成成分也发生变化，优良牧草减少，杂类草、不食草、毒害草增多，牧草品质变劣。由于草地退化产草量下降，草畜矛盾日趋突出，每个羊单位需草地面积增大了 23%～43%。

草地退化是一个长期的历史过程，造成的原因也很复杂。如气候的变化、人为的破坏、蝗虫鼠害，利用不合理等都会导致草地退化。但事实证明超载过牧和对水资源的不合理开发利用是造成草地退化的主要原因。新疆 1999 年牲畜存栏头数为 4400 万头，比 1985 年增加了 1380 万头。然而供牲畜放牧的天然草地却大为减少，87.49%的草地超载率，必然导致 80.1%的草地退化。

草地退化的典型区：天山北坡中山带草甸草地，准噶尔盆地沙质荒漠草地，巴音布鲁克高寒草原草地，塔里木河中下游低地草甸草地。

10.1.4 对近五年新疆生态环境的影响

生态环境是人类生存和发展的基本条件，是社会经济发展的基础。进入20世纪以来，随着人类社会的飞速发展，环境污染、植被退化、水土流失、生物多样性减少等各种各样的生态问题也不断出现。

新疆是中国的资源大省，油气和煤炭资源尤其得天独厚，但新疆气候干旱，生态脆弱，环境遭受破坏后很难恢复。多年的资源开发在为新疆和全国经济发展、现代化建设做出了巨大贡献的同时，也造成了严重的环境污染和生态破坏，荒漠化扩大、沙漠扩展、草地退化、湖泊水域面积减少、湿地萎缩、生物多样性锐减等环境问题日益严重，生态系统呈现由结构性破坏到功能性紊乱演变的发展态势。

10.1.4.1 荒漠化严重

土地荒漠化是发生在于旱、半干旱地区的土地退化，是由于气候变化和人类活动等多种起因和发展的。表现为风蚀、水蚀和盐渍而导致土地的生产力下降和丧失。由于盲目开垦，不合理灌溉和破坏植被，生态更加失调，促使荒漠化不断扩展。

新疆各类盐渍化土地，总面积约11万km^2。盐渍化的耕地面积约127万hm^2，约占现耕地面积(土地详查面积)31.4%。其中强度盐渍化耕地占18.0%，中度的占33.0%，轻度的占49.0%。南北疆比较，南疆盐渍化更重。占耕地面积25%～40%，北疆为15%～20%。耕地土壤盐渍化发生主要是由于灌溉不合理，有些地区的毛灌溉定额高达18 000～22 500 m^3/hm^2，引起地下水位上升，使地下水中的盐分不断向表土聚积。

10.1.4.2 沙漠化扩展

新疆由风蚀风积造成的荒化土地(沙漠、戈壁)共79万km^2，其中沙漠面积约42万km^2。全疆87个县(市)中53个县(市)有沙漠分布。许多绿洲都被戈壁和沙漠包围，沙漠化对绿洲的危害形势极为严峻。新疆的沙漠主要是由于气候干旱形成的，但不合理的人类活动，对沙漠化的发展起了加速和促进作用。以塔里木盆地为例，沙漠面积33.7万km^2，按从早更新世形成算起约69万年，平均每年扩展0.49 km^2；历史时期按2000年计算共扩大1.99万km^2，平均每年扩大170 km^2(樊自立，1996)。

10.1.4.3 草地退化

由于新疆山地面积占土地总面积约40%，森林和草地被破坏，草地的破坏加剧，全疆天然草场80%以上的面积出现不同程度的退化，其中严重退化面积占1/3以上，产草量下降30%～60%。全疆天然打草场面积由333万hm^2减少到133万hm^2，减少60%。草地盐化和退化，导致鼠虫害严重发展。平原荒漠草场退化更加严重，仅塔里木河流域，由于滥挖甘草而破坏的草场面积就达11万hm^2，由于缺水灌溉，草场面积15万hm^2。

10.1.4.4 湖泊湿地萎缩

随着气候变化和人类活动的影响，湖泊湿地萎缩在新疆干旱区也显得格外突出：湖泊湿地面积缩小、污染加剧、生态与环境日趋恶化，灾害频发；新疆地区许多原有的自然湿地正在消失或演变为人工湿地，许多湖泊、河流、沼泽被开发，“湿地人工化”和“湿地荒漠化”现象加剧，湿地荒漠化导致湿地提供资源和改善环境功能的丧失，人类的生存环境恶化。

新疆湿地的垂直分布从－154 m至山地4800 m的海拔高度间，形成了复杂多样的内陆干旱区特殊的湿地生态系统，显示出新疆湿地类型的多样性、独特性。湿地类型主要包括河流湿地、湖泊湿地、沼泽湿地、库塘湿地、稻田湿地。对新疆1989—1999年湿地资源动态变化进行研究，发现：(1)新疆10年来湿地总面积增加32.17万hm^2；湿地结构方面：永久积雪、冰川减少6.82万hm^2；湖泊面积增加5.89万hm^2；水库坑塘面积增加2.78万hm^2；沼泽面积增加7.79万hm^2；河流、河滩地、水田面积增加22.4万hm^2。(2)新疆自然湿地增加面积为28.1万hm^2；人工湿地增加面积为3.95万hm^2；自然湿地的变化主要是河滩地大幅增加，永久积雪、冰川减少所致；人工湿地的变化主要是水库坑塘、水田大幅增加所致。(3)新疆湿地变化从空间上看，北疆湿地的总面积是南疆湿地总面积的1989年为1.93倍、1999年为2.02倍，北疆湿地的变化比南疆湿地变化大。(4)新疆地区10年来湿地年变化速度达

0.58%，其中河流、水田、河滩地变化速度最大，年变化率分别达2.63%、3.08%和8.84%。这表明，新疆这些年人口增长、耕地增加、水环境污染是新疆湿地变化主要动因。(周可法，2004)在新疆的大部分河流，天然湿地最终潴聚成湖沼，形成各种湖滨类生态系统和沼泽类生态系统，其中主要有博斯腾湖、艾比湖、乌伦古湖、巴里坤湖、艾丁湖、克拉玛依湖；及高原和高山的阿牙克库木湖、阿其克库勒湖、鲸鱼湖、赛里木湖、喀纳斯湖、天池，此外，还有巴音布鲁克的大、小尤尔都斯及布伦口湖群等等湿地生态系统。

由于上游河流的过度利用或被截断，目前在新疆因干涸而丧失了罗布泊、台特马湖和玛纳斯等三个较大的湖泊生态系统。

上述湿地中，阿牙克库木湖、阿其克库勒湖、鲸鱼湖、博斯腾湖、艾比湖、乌伦古湖、巴里坤湖、赛里木湖、喀纳斯湖、艾丁湖、克拉玛依湖、巴音布鲁克、罗布泊、玛纳斯湖、塔里木河、布尔根河等16种湿地被列为"亚洲湿地名录"中的国际重要湿地，也是我国的重要的湿地生态系统。喀纳斯湖、巴音布鲁克、布尔根河等已建立了相应的自然保护区。

10.1.4.5 生物多样性严重受损

生物多样性是人类赖以生存和发展的物质基础，新疆是干旱地区，生物多样性的多度和丰度存在着先天缺陷，生态系统的生物生产水平较低。稳定性差，受损和破坏后恢复难度大。新疆生物多样性受损主要表现在以下方面：

动物减少和灭绝：由于人类经济活动频繁，侵占了野生动物的生存环境，加之无限制地捕猎，使有的野生动物种已灭绝，如新疆虎；有的离境，如蒙古野马和赛加羚羊；有的濒危，如新疆大头鱼；有的数量减少，如鹅喉羚、马鹿、天鹅、大雁；有的分布区面积缩小，如野骆驼、野驴等。生态系统类型多样性以塔城盆地的额敏县多样性最高，为92个，其次为和布克赛尔县91个，乌苏市90个，最少的是塔里木盆地的阿合奇县，为46个。新疆濒危物种以福海县最多，有142种；其次为布尔津县140种、富蕴县139种，都是阿尔泰山的县市。最少的是疏附县，为42种，其次为邻近的喀什等(袁国映等，2010)。新疆处于内陆干旱地区，生态系统结构简单、脆弱，一般难以承受由于人口剧增、经济强度开拓的压力，在无序开发情况下，生态系统结构的破坏与瓦解在所难免，致使生物多样性锐减，虽说导致生物多样性锐减的原因是多方面的，除火山爆发、洪水泛滥、陆地深沉，森林火灾、特大干旱等自然因素外，人为因素也是生物多样性面临威胁的主要原因，主要包括以下四个方面：1. 生存环境的改变和破坏；2. 掠夺式的开发利用；3. 环境污染；4. 外来物种的入侵。

近五年是新疆经济飞速发展的五年，同时也是新疆生态环境保护力度不断加大的五年，在加强环保基础能力建设的同时，实施了退耕还林还草、牧民安居、农村环保"以奖代补"政策，启动了南疆生态修复示范工程等一系列生态保护工程，有力地促进了局部区域生态环境质量的改善。

据新疆环保局环境监测总站应用遥感技术进行监测评估，2010年全疆耕地面积6.64万 km^2，占全区总面积的4.07%；林地面积4.12万 km^2，占全区总面积的2.53%；草地面积46.3万 km^2，占全区总面积的28.42%；水域面积4.61万 km^2，占全区总面积的2.83%；城乡工矿交通建设用地面积0.54万 km^2，占全区总面积的0.33%；未利用地面积101万 km^2，占全区总面积的61.83%。

与2005年相比，全区耕地、城乡工矿交通建设用地面积增加，分别增加了0.77万 km^2、0.01万 km^2，耕地增加较为明显；林地、草地、水域和未利用地均有不同程度的减少，其中林地减少了0.57万 km^2，减少较明显。耕地有1170 km^2 转化为其他类型土地。其中主要转化为中、低盖度的草地，转化面积为963.53 km^2，占转化总面积的82.61%，另外的17.39%转化为未利用土地、水域、城乡工矿交通建设用地和林地。其中转化为草地和林地的主要分布在退耕还林还草工程实施力度较大的额尔齐斯河流域和乌伦古河流域。林地有488.29 km^2 转化为其他类型土地。其中主要转化为草地和耕地的面积分别为292.67 km^2、156.84 km^2，分别占转化面积的59.94%和32.12%，主要分布在农业开荒较为严重的塔里木河流域。另外的7.14%转化为未利用土地、城乡工矿交通建设用地。草地有2368.66平方千米转化为为其他类型土地。其中主要转化为耕地，达1621.43 km^2，占68.45%；其次转化为盐碱地、戈壁、沙地等未利用土地以及沼泽、湖泊、坑塘等水域。同时不同盖度的草地之间还存在相互的转化，主要表现为低盖度草地向中高盖度草地转化，中盖度草地向高盖度草地转化。草地的转化区域主要分布在塔里木河流域和塔城盆地。水域有 479.24 km^2 转化为为其他类型土地。其中主要向未利用土地和草地转化，转化面积分别为 339.19 km^2、110.19 km^2，共占 93.77%。主要是艾比湖流域和乌伦古河流域的部分湖库面积缩小所致。未利用土地有 2215.72 km^2 转化为为其他类型土地。主要向耕地和草地转化，其中转化为耕地的占 51.46%，转化为草地的占 28.93%；少部分转化为城乡工矿交通建设用地。未利用土地转化区主要分布在塔里木盆地及准噶尔盆地边缘荒漠过渡带和阿尔泰山矿区。

2010 年全区平均生态环境指数为 35.70，属于一般水平。其中生态环境质量属优、良的县(市)有 20 个，总面积为 15.6 万 km^2，占全区面积的 9.54%，主要分布在天山北部的西北塔城地区和阿勒泰地区，以及伊犁河谷等沿边地区，特征表现为植被覆盖和生物多样性较好，水资源丰富，生态系统稳定，比较适合人类生存；生态环境质量属一般的县(市)有 39 个，总面积为 45.9 万 km^2，占全区面积的 28.12%，主要分布在天山北北麓的绿洲区和塔里木盆地的北部及西部绿洲区，包括乌鲁木齐市至乌苏市一带以及巴州、阿克苏地区、喀什地区的部分县(市)，特征表现为植被覆盖和生物多样性处于一般，存在一定程度的土地退化现象，有不适于人类生存的制约性环境因子出现；生态环境质量属较差的县(市)有 29 个，总面积为 102 万 km^2，占全区面积的 62.34%，主要分布在昆仑山—阿尔金山北麓地区，包括环塔里木盆地南缘的和田地区、东天山的哈密地区及吐鲁番地区，特征表现为植被覆盖差，物种较少，严重干旱少雨，多为戈壁、沙漠和高寒山区，存在着明显的限制人类生存的环境因素。

与 2005 年相比，全区平均生态环境状况指数由 35.49 变为 35.70，略微增加，全区总体生态环境质量保持稳定。2005 至 2010 年，全区有 84 个县(市)的生态环境质量无明显变化，总面积为 154 万 km^2，占全区面积的 94.59%；3 个县(市)的生态环境质量略微变好，总面积为 8.79 万 km^2，占全区面积的 5.39%；1 个县(市)的生态环境质量略微变差，总面积为 450 km^2，占全区面积的 0.03%。呈现了总体趋于稳定，局部区域有所改善的特征。

10.2 未来气候变化对新疆生态环境的可能影响

未来气候变暖，新疆区域降水量有可能有限地持续增加，但并不能改变整个干旱区的基本面貌，其在荒漠—绿洲交错带的意义可能远远大于绿洲内部和沙漠腹地。而这一点对实施生态保护、防治沙漠化又有着重要作用。未来气候变化对新疆生态环境的影响有利有弊。

植被是生态系统的主体，其决定生态系统的稳定性，为系统其他成员提供物质和能量。气候变化对植物气候生产力(TSPV)影响显著，“暖湿型”气候对 TSPV 的影响，当年平均气温升高 1℃，年降水量增加 10%时，对植物干物质积累有利，增加趋势由南向北增大，新疆东部可达 20%以上。在降水可能增加的地区若在绿洲内部，气候的这种暖湿变化将有利于植被生产力的提高。但是在绿洲以外其变化复杂，众说不一。植被在响应气候变化过程中，短期主要表现在植物体生理生态学特性的微结构变化；长期响应，作为植物群落整体还涉及不到演替问题，可能的影响是群落的成员组成将发生数量或种类的变化。有研究指出，降水量的增加对沙漠植被已经产生了一些影响。

草地退化将引起草地群落优势种和建群种缺失明显，使生物丰度和多样性下降。气候变暖还将导致大量生物物种由于不能适应新的环境而消亡或迁移，森林林带下限升高，物种、最适宜分布区发生迁移，而一些新的物种侵入到原有生态系统中，改变原有生态系统的结构、组成和分布。

土地利用/土地覆盖状况的恶化还直接影响到自然生态系统碳库功能，增加碳汇向碳源逆转的风险。气候变暖、冰川消融加剧、草地退化等环境要素变化，使得湖泊、河流、沼泽等正常演变规律遭到破坏，年际波动振幅加大，生态系统脆弱性加大、功能衰退，这些影响均可能导致自然生态系统的稳定性面临风险。未来气候变暖新疆部分地区因降水量或冰雪融化增加水量，内陆河流域上游地区将变湿，草场生产力和载畜量提高，典型草原和荒漠草原载畜量也将随降水量增加而增加。高寒牧区温带荒漠、高寒草原面积虽然将出现较大缩减，但气温升高可提高草地生产力，延长放牧时期，载畜量也随着温度升高而增加。四季草场如新疆北部，降水量增加和气温上升意味着冬季草场和春秋草场载畜量增加，在一定程度上有助于四季草场的平衡。

全球变化对塔里木北部盐渍化草甸净第一生产力和群落演替的影响，土壤蒸发和盐分积累的影响依地下水埋深的不同而有所差异，地下水埋深越大，NPP对全球变化的响应愈明显，NPP的增幅也愈显著。地下水埋深愈小，土壤积盐愈强烈，盐化草甸植被的演替也愈明显，由此导致多数草甸植物的逐渐消失和多汁盐柴类灌木数量的不断上升。

中国西部环境演变评估综合报告指出，气候变化对西部绿洲有不同程度的影响，出山径流可能增加，但流域蒸发加剧，土地沙漠化速度不断加快。如果径流量有可能增加，大多数植物的生长期延长，无霜期缩短，干物质积累有所增加。一些高寒区的农业生产力有所提高。

10.3 新疆生态环境建设适应与应对气候变化的策略

针对气候变化对新疆生态环境的深远影响，要以加大保护力度和提高适应能力为主要核心内容，最大限度地降低气候变化的不利影响，挖掘有利因素，趋利避害。

10.3.1 建立健全法规规划，完善综合管理决策机制

(1)建立健全适应与应对气候变化的法规和规划

在生态环境建设方面建立健全适应与应对气候变化的法规和规划，确立科学适应与应对气候变化的理念和政策导向。加强适应与应对气候变化的配套制度建设，研究制定相关法规和规划，引导新疆长治久安和跨越式发展所需的生态环境保护建设，建立健全适应与应对气候变化的法规体系和规划体系。

(2)建立健全综合管理决策机制

各级政府在适应与应对气候变化工程项目建设和区域经济开发活动中，要根据气候变化对本地区的影响状况，在制定相关政策和规划，开展相关工程的设计过程中，将适应与应对气候变化作为一种重要工作环节来加以考虑。同时建立健全综合管理体系，包括建立建全相关部门间联合执法体系，协商行动，共同取证，提高执法效率；建立健全相关部门间的协调机制，提高办事效率；加强地、县相关部门专业人员与设备配置，增强基层能力，实现国家、自治区、地、县间在适应与应对气候变化方面工作上的合理、高效分工与合作。

(3)建立信息资源共享平台和机制

及时建立完善对气候变化预测预报模型和预警系统和简洁高效的信息资源共享平台和机制，为决策者和公众传递有效信息。同时加强部门间的协作，进一步完善相关制度，促使相关部门在气候变化监测设施建设、数据采集和与分析等方面的合作，提高设施利用效率，实现统计数据分析与发布的统一。

10.3.2 科学合理安排专项生态环境工程建设

退耕还林还草必须坚持因地制宜。要宜乔则乔、宜灌则灌、宜草则草、宜荒则荒。干旱区以灌为主，半干旱区以草为主。在干旱和极干旱的荒漠、半荒漠地带，植被建设更应以天然封育为主，辅以人工措施，恢复和重建内陆河两岸的胡杨林及荒漠上的沙生及盐生灌草植被。在人工绿洲内及其周边的防止风沙侵害、保护灌溉农田以及城镇绿化美化的植被建设，应以乔灌木树种为主，特别是节水和抗病虫害的乡土乔灌树种，利用多树种混生的优势，提高植被的生态及美化功效。总之，要确立以灌草为主，乔灌草结合的植被建设方向。要治沟与治坡结合，生物措施与工程措施、农业措施结合，以流域为单位实行综合治理、集中治理和连续治理(钱正英等，2004)。

1. 北疆地区的生态保护和治理必须始终坚持三个平衡不动摇的总体思路，即水土平衡、水盐平衡和生态平衡。北疆地区应重点做好“三区一线”的生态防护林规划与设计。“三区一线”是指建立北疆地区艾比湖前沿防护区、克拉玛依—玛纳斯湖—艾里克湖沙漠西部防护区、玛纳斯—木垒沙漠东南部防护区以及引水工程沿线防护区。

2. 在南疆要建立以“三个平衡”为生态环境治理的总体思路。“三个平衡”主要是指水量平衡、水土平衡和灌排平衡。南疆生态工程建设重点：(1)通过调控空间配置、时间配置和用水配置，建设有效水

资源配置体系;(2)通过培育具有比较优势的草地农业和特色农业,建立粮、经、饲料三元种植结构,加快推进当地农牧业结构调整,以巩固完善现有灌区为主,提高用水效率,改进灌区排水条件,治理土壤次生盐渍化,建立高效、稳定、节水的现代农业体系;(3)通过对塔里木河水资源实行统一管理,对水资源进行合理的调度,对水资源实施有效的监管,建设集约管理体系。

10.3.3 气候变化突发灾害的预警应急策略

气候变化突发灾害的预警应急建设总体思路就是积极开展适应与应对气候变化突发灾害的预警应急系统建设和体系建设,提高针对气候变化突发灾害的预警应急能力,保障区域经济社会的稳定、可持续发展。其重点任务,主要包括以下几个方面:

(1)加强水文、气象自动观测站点建设及其通讯网络建设;

(2)加快气候变化与突发灾害监测、预报以及灾害预警技术研究,推进灾害预警技术进步;

(3)加强气候变化突发灾害的遥感调查,及时、准确、动态地掌握灾害信息;

(4)加强气候变化突发灾害应急指挥系统建设;

(5)加强气候变化突发灾害的应急队伍建设及其应急演练,提高防灾减灾实战能力。

10.3.4 应对气候变化的科技支撑策略

应对气候变化的科技支撑建设总体思路:积极开展应对气候变化与我区水资源安全、生态环境安全战略研究。分析气候变化对我区水资源、生态环境的影响,科学评价我区中长期水资源承载能力和生态环境发展趋势。

应对气候变化的科技支撑建设的重点任务,主要包括以下几个方面:

(1)加强节水技术研究开发,包括农牧业节水技术、工业节水技术;

(2)加强山区水库建设规划和山区人工影响天气规划的设计和实施,降低极端气候事件的影响;

(3)加强监测研究,重点研究气候变化导致的降水、蒸散、径流、融雪变化规律,为及时修正气候、水利、生态规划服务。

(4)加强国际河流和重点流域突发灾害的定量监测与变化趋势评估研究。

第11章 气候变化对新疆能源的影响

新疆有丰富的能源资源，煤炭、石油、天然气储量位居全国首位，太阳能年辐射总量位居全国第二，风能资源储量是全国风能资源最丰富的省(区)之一。1980年以来，随着中国能源消费重心西移和新疆经济的发展，能源消费总量持续增加。

IPCC第四次评估报告指出，气候系统变暖是毋庸置疑的，在北半球高纬度地区温度升幅较大。与全球变暖相同步，位于中纬度干旱区的新疆，其气候也存在变暖的趋势，尤其是近50年(1961—2010年)升温趋势更加明显，升温率达0.2℃/10a；相关预测结果表明，未来新疆气候还将继续变暖，2050年温度将比20世纪90年代上升1.9～2.3℃。开展气候变化对新疆能源需求的影响与预测方面的研究工作，正确处理新疆能源消费、能源开发利用与经济增长的关系，对本区域的可持续发展以及应对气候变化都具有重要的现实意义。

11.1 能源的特点及变化规律

11.1.1 新疆能源资源储量丰富

新疆是我国的能源资源富集区，石油、天然气、煤炭和水能、风能、太阳能是新疆最具开发潜力的优势资源。全区石油资源储量20.9亿吨，天然气资源储量1.0800亿m^3，分别占全国陆上资源总量的27.0%、27.7%。煤炭资源储量(地表2000米深以内)1820亿吨，占全国资源总量的35.9%，均居全国首位；其中三塘湖、准东、伊犁河谷等九大煤田资源储量为1640亿吨，占全国资源总量的32.3%。水能理论蕴藏量3820万kW(1万kW以上河流)，占全国资源总量的5.6%，可开发量(≥500kW水电站)1.660万kW，占全国的3.4%。风能理论蕴藏量(10米高度)8.72万kW，约占全国资源总量的27.0%。太阳能理论蕴藏量(辐射总量)1450～1720 kMJ/(m^2·a)，继西藏之后位居全国第二。

11.1.2 新疆能源消费结构及其变化分析

从能源消费总量看，新疆能源消费总量持续增长，从1985年的1395.5万吨标准煤增加到2006年的6047.3万吨标准煤，增长了4.3倍，年均增长15.9%。从新疆各类能源的消费结构来看，煤炭的消费比重呈逐步下降趋势，从1985年的72.6%下降到2006年的56.7%。石油、天然气、水风电消费比重分别增长5.1%、9.1%、1.9%。从增长率看，新疆能源消费中天然气的增幅最大，其次是水风电能源，煤炭增长率最小。

能源利用率通常采用单位国内生产总值能耗量、单位工业增加值能耗量来表示，选取万元GDP能耗量表征能源利用率，万元GDP能耗越低，表示能源利用率越高。新疆近20年万元GDP能耗大幅度下降，从1985年的12吨标准煤/万元降到2006年的2吨标准煤/万元，能源利用率提高了6倍。新疆在发展经济的同时，充分利用先进的科学技术、设备，努力提高能源利用率的成效显著。从横向比较来看，新疆的能源利用率低于全国平均水平，2006年全国此项指标值为1.17吨标准煤/万元。近几年，我国的能源消耗非常巨大，每创造1美元所消耗的能源，是美国的4.3倍，德国和法国的7.7倍，日本的11.5倍，而新疆的能源消耗又是全国的2倍。

新疆能源消费特征是能源消费总量持续增长；能源消费结构不断调整，但是仍以煤炭为主，其他能源消费比重相对较小；能源利用率低。新疆经济增长模式还属于高投入、高消耗、低产出的粗放型模式，仍然依赖能源资源的大量投入，且现有能源消费结构不合理，能源利用率偏低。要实现新疆能源、经济的可持续发展，就必须降低经济增长对能源消费的依赖程度，优化能源消费结构，提高能源利用率。随着新疆经济的发展，能源结构和能源消耗量对气候变化影响的敏感性也将更加显著(吴敬锐等，2011)。

11.2 气候变化对风能的影响

11.2.1 新疆风能资源概况

新疆风能资源蕴藏量极为丰富，约占全国风能储量的27%，是全国风能资源最丰富的省(区)之一。根据新疆风能资源普查发现，新疆风能资源总储量8.72亿kW，技术开发量1.2亿kW，年平均风功率密度≥150瓦每平方米的面积7.8万km^2。新疆丰富的风能资源主要集中在新疆的九大风区，即乌鲁木齐达坂城风区、阿拉山口风区、十三间房风区、吐鲁番小草湖风区、额尔齐斯河河谷风区、塔城老风口风区、三塘湖—淖毛湖风区、哈密东南部风区和罗布泊风区。新疆位于中纬度西风带中，九大风区均地处冷空气进出南北疆的通道，其风能资源特点是风功率密度大，年平均风功率密度均在150瓦每平方米以上，风速稳定、风能资源品质好，风频分布合理，极具开发利用价值。

2011年新疆风能详查和评价结果表明，70米高度潜在开发量≥200瓦每平方米的风能资源技术开发量为78256万kW，技术开发面积为204770 km^2；潜在开发量≥250瓦每平方米的风能资源技术开发量为63059万kW，技术开发面积为157131 km^2；潜在开发量≥300瓦每平方米的风能资源技术开发量为43555万kW，技术开发面积为111775 km^2；潜在开发量≥400瓦每平方米的风能资源技术开发量为26858万kW，技术开发面积为68508 km^2。

11.2.2 风能开发利用现状

新疆风能资源丰富、且质量优良，风能开发始于1986年，为全国最早，有著名的达坂城风电场，曾是中国乃至亚洲最大的风力发电场。目前，新疆的九大风区中的其他风区也已开发，但规模尚小。国家发改委规划已经确定了在哈密东南部风区和三塘湖—淖毛湖等风能资源丰富区域建设千万kW级风电基地，2015年哈密地区风电规划可达到600万kW，2020年达到1180万kW。新疆也在未来加快规划哈密、达坂城等千万kW风电基地建设，计划到2015年总装机容量达到1000万kW，2020年总装机容量达到2000万kW，远超过国家发改委规划。近年来新疆风能开发建设步伐加快，随着哈密千万kW级风电基地的全面开工建设，截至2011年末全疆总风电装机容量达到231.61万kW，其中新增95.25万kW。

11.2.3 气候变化对风能资源的影响

风速和风能资源的年际变化主要受气候背景和环境的影响。全国具有不同风能变化型态的7个显著区域年平均风速和风能资源的时空气候变化特征为：中国逐年平均风速呈现“冬春大、夏秋小型”，1960—1999年40年来各季和全年的年平均风速、风能密度均是显著减弱的，在70年代中前期之后出现显著的持续下降趋势；北方区、东北区、东部沿海区的风能资源相对最为丰富，变化幅度也最大，中部区风能资源最为贫乏，变化幅度最小；风能资源的分布特点和变化趋势与影响我国的冬、夏季风系统的气候变化关系密切(李艳等，2007)。

从20世纪70年代开始，全球气候总的趋势是变暖，在这一大气候背景下，新疆的冷空气活动次数减少、强度减弱，大风频次及日数也有所减少，与之相对应新疆大部地区年平均风速和年平均风功率密度呈现下降的趋势。特别是20世纪90年代，随着经济的发展，气象站的探测环境发生了较大的变化，对风速的观测有影响。

利用新疆阿拉山口气象站1971—2003年的风自记实测资料，分析了阿拉山口年平均风速和年平均风功率密度季变化特征(陈洪武，2006)。新疆阿拉山口的年平均风速、大风日数、年平均风功率密度和年平均有效风功率密度进入1990年代之后都是减小的，但阿拉山口的年有效风能小时数不但没有减小、却在增加。究其原因主要是阿拉山口大风日数的减少，特别是大于15 m/s风速段的频次在减少，而3～10 m/s风速段的频次增加。

11.3　气候变化对太阳能的影响

11.3.1　新疆太阳能资源十分丰富，居全国第二位

新疆太阳能资源十分丰富，年辐射总量为4800～6400 MJ/m²，比我国同纬度地区高10%～15%，比长江中下游地区高15%～25%，居全国第二位，仅次于西藏。新疆年辐射总量受太阳高度、地理纬度、云量和大气透明度的影响明显。分布特点是东南部多，西北部少，前者多在6000 MJ/m²以上，后者多在5800 MJ/m²以下；哈密地区是全疆年辐射总量最大的地区，达6400 MJ/m²；塔里木盆地西南部浮尘、风沙日数多，辐射量减小，仅有5800 MJ/m²。年日照时数为2550～3500 h，日照百分率为60%～80%；日照时数大于6 h的天数为250～325 d，气温高于10℃的日照天数普遍在150 d以上。新疆利用太阳能最有利季节是夏、秋两季，不利季节是冬、春两季；其中，北疆是冬季不利，南疆是春季不利。

11.3.2　新疆太阳能开发利用的情况和特点

太阳能热水器在新疆已具有一定的市场规模。截止到2009年，新疆太阳能热水器保有量约160万m²，仅2009年总销量约18万m²，年均增长率达25%以上，每千人拥有量为72.7 m²，2009年新疆太阳能热水器总销量占全国的0.43%，保有量占全国的0.88%。近年来新疆光伏市场也得到了长足的发展，应用领域不断拓宽，但总体落后于全国先进水平。2002年开始，"送电到乡"、"中荷项目"、"中德项目"、"GEF项目"等一批项目开始执行，使新疆的光电市场迅速发展；2009年"金太阳"工程开始实施，新疆相继申报了一批光伏并网电站项目(包括2个BIPV项目)。截至2009年底，新疆已推广应用约8.9万套太阳能光伏户用电源，总功率约3200 kW；约2100座1 kW以上电站，总功率约9700 kW；从2005年开始推广应用光伏照明(路灯)，截至2009年底新疆累计推广光伏照明系统约2万套，总功率约2200 kW；"金太阳"工程在新疆批准6个光伏电站，总规模33 MW；建成的新疆最大光伏电站是北塔山150 kW独立电站。新疆可开发利用太阳能资源丰富，并且目前已进入太阳能资源规模开发阶段，但光能利用率不足1.0%，开发利用潜力巨大(李卫华，2010)。

11.3.3　气候变化对太阳能资源的影响

气候变化对太阳能资源利用的影响，主要通过日照时数和强度来体现。1961—2007年全国11个区日照时数长期变化线性倾向率的大小，得出我国日照总体呈下降趋势，且具有明显的季节和局地差异，夏季和冬季下降最明显，下降主要发生在我国东部及南方大部分地区，其中以华北平原降幅最大(赵东，2010)。也有研究(李晓文等，1998)表明：1961—1990年我国太阳总辐射和直接辐射呈减小趋势，认为大气中悬浮颗粒浓度增加是引起部分地区直接辐射量下降的可能原因(李晓文等，1998)。在全球变暖的总体趋势下，1961—2000年中国地区云量在降低，地面辐射量也在降低，从20世纪90年代开始由Dimming到Brightening的转变，这种对温室效应的遮蔽和其他有关影响可能不再起作用，由人类活动等多种因素和自然原因的变化将对地面气候产生显著影响，这是值得关注的科学问题(文小航等，2008)。

新疆气候变化事实分析表明，大部地区日照时数呈现减少的趋势，利用新疆现有的阿勒泰、乌鲁木齐、伊宁、喀什、和田、哈密、吐鲁番、若羌8个太阳总辐射观测站资料分析表明，近50年(1961—2010年)新疆太阳总辐射也呈现减少的趋势。究其原因主要是气候变暖，但新疆降水增加导致日照时数减少；此外，随着新疆社会经济的快速发展大气污染也在加重，大气浑浊度和大气中的悬浮粒子浓度增加也可能导致太阳总辐射和直接辐射的减少。

11.4　气候变化对新疆能源消费的影响

气温对能源消费的影响主要表现在生活中的冬季取暖和夏季降温的能源消耗上，我国冬季取暖所

消耗的主要是煤炭，夏季降温消耗的能源主要是电力。目前，我国采暖与制冷能耗已占全国能源消费总量的近27.6%，随着社会经济的发展，采暖、制冷能耗还会继续增加。多年来的研究和实践证明，建筑节能在各种节能途径中是潜力最大也最为直接有效的方式。

新疆位于中纬度内陆干旱区，境内很多地区属于酷热或边远严寒地区，不仅有很高的冬季采暖需要，而且有夏季制冷降温的要求，这就导致区域内的建筑热工能耗（包括采暖和制冷能耗）占建筑总能耗的比例很高。

11.4.1　新疆主要城市的采暖与制冷度日数空间变化特征

新疆属于温带寒冷地区，冬季漫长，采暖需求高，基准温度18℃以下，多年平均年采暖度日数随纬度、经度和海拔的升高而增大，新疆16个城市的多年平均年采暖度日数在2700.3～5220.5℃·d之间，以位于北部的阿勒泰市最高，位于北疆东部的奇台次之，位于西南部的和田市最低（姜逢清，2004）。

新疆16个主要城市的制冷度日数比较低，多年平均年制冷度日数随纬度和经度的变化趋势不明显，但随高度的增加而明显减小；基准温度24℃以上的多年平均年制冷度日数在25.9～746.4℃·d之间，以位于新疆中部的吐鲁番市最多，克拉玛依次之；北疆北部的阿勒泰市最少，西部的伊宁市次之。

11.4.2　新疆主要城市的采暖与制冷度日数的时间变化趋势

研究表明，建筑物的能耗与气温或采暖/制冷度日数之间呈近似的线性关系。据此关系模式，可以认为在气温持续升高的背景下，新疆区域的冬季采暖度日数、进而采暖耗能可能会降低，夏季制冷度日数、进而制冷耗能可能会增加。依据日最高和最低温度观测值计算出的新疆16个主要城市的采暖和制冷度日数时间序列，并分析其时空变化特征。结果显示：1959—2004年新疆16个主要城市基准温度18℃下的冬季和年采暖度日数普遍存在减少趋势，除库车县城减少趋势不明显外，其他15个主要城市分别在0.05、0.01和0.001显著性水平下呈显著减少趋势。年采暖度日数序列的线性倾向率在－25.1～－154.0℃·d/10a的范围内，平均值为－77.9 ℃·d/10a。绝大部分城市的季节采暖度日数都存在减少趋势，尤其是冬季减少趋势尤其明显（姜逢清，2004）。

1959—2004年，新疆16个城市中有4个城市—乌鲁木齐、库车、奇台和阿勒泰基准温度24℃以上的年制冷度日数呈减少趋势，其中奇台和库车呈0.05显著水平下的减少趋势；其他12个城市呈增多趋势，其中伊宁和民丰在0.05显著水平、塔城和阿克苏在0.01显著水平、库尔勒和和田在0.001水平下呈显著增加趋势。年制冷度日数时间序列的线性倾向率分布在－11.9～17.1℃·d/10a之间，平均为4.3℃·d/10a。绝大部分城市的季节制冷度日数存在增加趋势，尤其夏季增加趋势尤为明显。

冬季变暖对乌鲁木齐市采暖气象条件的影响及气象节能潜力分析，得出：气候变暖使乌鲁木齐市冬季气温上升明显，对乌鲁木齐市采暖指标有显著影响。乌鲁木齐市冬季气候变暖，使得采暖期平均气温显著上升、最低气温负积温明显减少；其采暖初日有明显推后的趋势，采暖终日有明显提前趋势，从而导致其冬季采暖期长度明显缩短，采暖强度也呈显著减弱趋势。气候变暖对供暖设计室外温度影响较大，使用1976—2006年资料计算得到的温度比现行标准高3.6℃。乌鲁木齐市采暖期节能空间较大，仅从气象角度出发，通过缩短供暖期长度、采用适时供暖方案就可节约22.8%左右的年供暖能源消耗量（杨霞等，2009）。

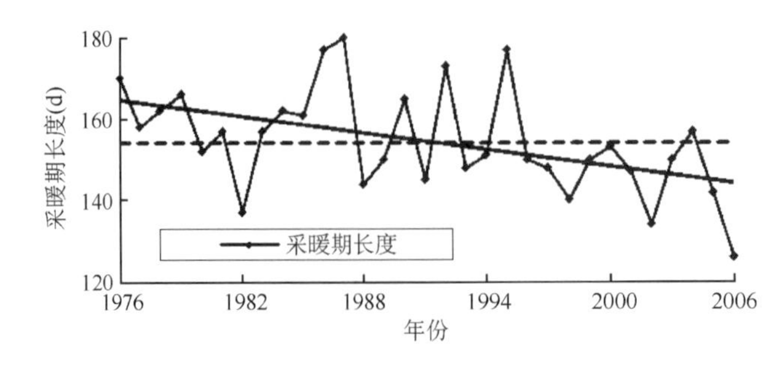

图11.1　1976—2006乌鲁木齐市采暖期长度变化

（冬季变暖对乌鲁木齐市采暖气象条件的影响及气象节能潜力分析，杨霞等）

11.5　未来气候变化对新疆能源消费的可能影响

在全球气候变暖的背景下，新疆气温也呈现升高趋势，尤其冬季增暖的趋势最为显著，造成新疆区域的冬季采暖度日数存在显著的减少趋势，而夏季和年制冷度日数存在增加的趋势。这种趋势的存在无疑有助于降低采暖耗能并增加制冷耗能。新疆绝大部分热季制冷能源需求无论是在数量上还是在区域范围上都无法与冷期采暖能源需求相比，气候变暖将会十分有利于新疆冷期热舒适度的改善，有助于新疆能源消耗量的减少，减轻城市煤烟型大气污染，从而有利于新疆社会与经济的健康可持续发展。

利用7个全球耦合气候模式的集成结果得到我国2020—2029年和2050—2059年气温和度日变化的可能情景(任玉玉，2009)，再结合社会经济发展的影响，计算得到我国各省级行政区未来气候耗能变化的可能情景，结果表明：我国未来平均年总度日有显著的降低，总度日的变化有明显的地域性，西部和北方地区降低，南方地区有所增加；取暖度日普遍降低，降温度日有不同程度的增加；2020—2029年和2050—2059年度日变化空间格局相似，2050—2059年的变化幅度大于2020—2029年；未来我国南方沿海大部分地区的气候耗能有所增加，气候耗能下降区主要分布在北方、中部和西部地区；气候耗能变化空间格局有度日变化的作用，也受社会经济发展水平的影响，同一地区的各省(区、市)具体气候耗能变化值也有较大差异。受未来气候变暖的影响，新疆未来平均取暖度日数仍呈现减少的趋势，降温度日数略有增加，总度日数将降低；但总体来看，取暖度日的变化幅度要大于降温度日。气候变暖将会十分有利于新疆冷期热舒适度的改善，有助于新疆冷季能源消耗量的减少；夏季新疆气候耗能将有所增加，可能会增加未来节能减排的压力。

根据新疆未来气候情景预估结果可知，新疆21世纪不同时期内平均降水都将以偏多为主，日照将会相对减少，这将不利于太阳能的利用；但新疆总体太阳能资源仍非常丰富，日照也较多，而且越是日照丰富的地区日照的稳定性也越好，日照大于6 h的天数越多。且随着太阳能利用技术的不断改进，在太阳能利用效率上不会有很大影响。因此，未来气候变化对新疆太阳能资源及其利用影响不大。

11.6　适应或减缓气候变化影响的对策建议

11.6.1　优化能源消费结构，大力开发利用风能、太阳能资源

新疆能源消费的不合理在很大程度上与粗放的经济增长模式和不合理的产业结构有关。新疆是气候敏感区，经济发展所消耗的污染能源对气候及脆弱的生态环境影响很大，且碳排放的成本也在逐年增高。从长远来看，新疆拥有丰富的风能、太阳能、水能等清洁可再生能源，开发潜力巨大，要加大开发和利用力度，实现能源消费结构的多元化，逐步取代以煤炭为主的常规能源格局。改善煤的利用方法，加快风能、太阳能等清洁能源的开发利用是今后能源管理的中心环节。根据国家能源发展战略西移，实施“优先发展石油工业，持续发展煤炭工业，择优开发新能源资源”的能源工业发展战略，加强风能、太阳能等可再生能源的开发利用，大力发展风电和光伏产业；建立和充分利用风能和太阳能资源监测网络、预报系统，开展风能、太阳能精细化评估工作。

11.6.2　加强立法工作，建立保障和宣传培训机制

目前，新疆经济主要还是外延增长和粗放发展，能耗物耗多，资源和投资浪费严重。实施“节约能源，降低消耗”战略的关键，必须依靠科技进步和能源利用的法制化，建立起完善的能耗国家标准体系和执法能力；政府部门应建立起完善的节能管理制度和政策法规，从法律和政策层面保证风能、太阳能等可再生能源的发展；建立宣传培训机制，扩大宣传教育，提高全社会，尤其是各级政府领导和企业家的环境意识，增强其参与风能、太阳能等可再生能源研究开发的能力及主动性，并将风能、太阳能等可再生能源的宣传、教育和培训列入各级政府的工作计划，配备专项经费，建立长效机制。

11.6.3 选择新疆清洁能源适宜的开发利用技术及途径，强化建筑等行业的节能减排

要实现新疆的可持续发展，提高经济增长质量，加强能源消费管理，提高能源利用效益，依靠科技进步，节约能源，降低消耗是必不可少的环节。新疆万元GDP、万元工业增加值能耗均远高于全国水平，能源消费领域节能潜力巨大。结合新疆实际，短期内从日光温室、太阳能热水器、太阳能碱水淡化、太阳能干燥室、太阳能养鱼、育苗等技术项目入手，在城市推广普及太阳能一体化建筑、太阳能集中供热水工程，并建设太阳能采暖和制冷示范工程，在农村能源建设、太阳能与建筑结合、示范推广太阳能专项计划，建立风能、太阳能等多能互补、相互协调的供能和用能体系等方面重点开展技术开发和利用工作。加强国际间的交流合作，学习借鉴发达国家先进的节能管理经验，合理利用国外先进技术，提高节能管理水平以及能源利用率，从而增强适应或减缓气候变化对新疆能源消费的影响。

11.6.4 依靠科技进步，节约能源、降低能耗，提高能源使用效率，建立清洁能源研究、创新和利用基地

目前，新能源的开发在世界范围内普遍受到重视，加快探索开发新能源，对新疆来说也是一项日益严峻的课题。能源的有效利用和综合利用水平低，是新疆能源消费的主要问题；据粗略估算，新疆能源综合利用率只有20%左右，比全国平均水平低6%～10%，比工业发达国家低20%～30%；其中，新疆已开发利用的风能仅为理论蕴藏总量的0.02%，风能装机容量为可装机总容量的0.04%。新疆在保证经济发展的前提下，在提高资源的利用率和重复利用率方面还有很大的改进空间。同时，由于风能和太阳能受环境、气候的影响显著，收集、转换、储存的技术难度较大，开发利用成本较高，这些问题也直接或间接地制约了可再生能源的发展。

建议改进现有能源行业技术设施，提高能源的利用效率，实现低能耗状态下的经济持续发展，保持良好的生态环境，是能源消费可持续发展的有力保证。开发、研究并推广和应用各种先进节能技术，对重点耗能设备进行节能技术改造，挖掘节能潜力；增加科技投入，提高新能源和可再生能源利用程度，并加速其技术成果的推广及应用。同时，积极开展气候变化对新疆风能、太阳能、水能等可再生资源的影响研究，为自治区的能源开发、规划、建设和运行提供必要地预警和决策建议。

尤其在新疆冬季采暖期要科学调配能源消耗，研发精细化采暖能耗气象预测和预报技术，建立供电、供暖气象监测和预警平台；引导和鼓励供暖企业依据气象条件科学界定供暖期开始和结束时间及供暖强度。

第12章　气候变化对人居环境与健康的影响适应

新疆夏季炎热、冬季严寒，南疆塔里木盆地是沙尘天气高发区。沙尘天气、严寒、酷热等极端天气气候事件变化对人居和健康都存在直接影响。气候变化对人居环境和健康等方面的影响包括对居住生活、交通出行、饮水供应、卫生设施、农业生产、食品安全。大风、雾、冰冻、沙尘暴等极端天气气候事件及其引发的洪水、滑坡、泥石流、雪崩等次生灾害直接影响交通。这些不利影响形成越发严重的趋势。新疆冬季升温最为显著，夏季酷热日数也呈增加趋势。新疆区域未来气候变化及其引起的极端天气气候事件的增多对人体健康具有重要的影响，利弊兼有，需要更加关注负面影响。加强气候变化背景下对人体健康影响研究，推进卫生、气象等多部门跨领域的合作。建立和完善气候变化对人体健康影响的监测、预警。在自然环境较恶劣的区域强化综合应对措施，特别是针对南疆的沙尘天气、吐鲁番地区的高温、北疆的冬季严寒、暴雪，以及乌鲁木齐等城市污染及雾等极端天气气候事件，实施相应的预防控制技术，为社会提供准确、及时、权威的疾病监控、评估、预警，降低因气候变化导致的对人类健康的危害。强化敏感区域的综合应对措施。加强对脆弱区域及脆弱人群的监测，对特殊人群采取有效的保护措施。

12.1　气候变化对人居环境和健康的影响

12.1.1　气候变化对人体健康已有的影响

新疆特殊的地理环境和独特的气候状况使得新疆成为我国对气候变化最敏感的区域之一。在全球气候变化大环境的影响下，新疆极端气候事件发生频次逐年增高，对人体健康的影响主要表现为高温、沙尘天气、严寒天气、雾天气以及加大自然疫源性疾病的传播、加快大气污染物间的光化学反应速度等。

1)高温对人体健康的影响

极端温度事件是气候变化中一个关键方面(吴荣军，2010)，极端温度事件的发生不仅制约国民经济的发展，而且对人民的身体健康也会带来很大的危害(崔智慧等，2010)。高温会损害人体免疫力和疾病抵抗力，导致与心脏、呼吸道系统等疾病的发病率和死亡率增加。对老年人、体弱者等以及居住在拥挤城市中的其他易感人群是非常危险的。根据环境温度及其和人体热平衡之间的关系，通常把35℃以上的生活环境和32℃以上的生产劳动环境作为高温环境。高温环境因其产生原因不同可分为自然高温环境(如阳光热源)和工业高温环境(如生产型热源)。气候变化引起的高温属于自然高温环境，系主要由日光辐射引起，主要出现于夏季(每年7—8月)。高温热浪可引起心血管、脑血管及呼吸系统疾病等高死亡率疾病(谈建国，2004；徐金芳，2009)。高温会损害人体免疫力和疾病抵抗力，导致与心脏、呼吸道系统等疾病的发病率和死亡率增加。对老年人、穷人以及居住在拥挤城市中的其他易感人群是非常危险的。大城市所具有“热岛”效应是由于建筑物聚集及缺乏绿化，与周边乡村相比，夏天城市里的温度要高得多(John Tibbetts，2007)。

高温对人体的影响是多方面的。①影响人体热平衡。机体产热与散热保持相对平衡的状态称为人体的热平衡。②影响体温。在高温环境下作业，体温往往有不同程度的增加，皮肤温度也可迅速升高。③影响水盐代谢。在常温下，正常人每天进出的水量约为2 L。在炎热季节，正常人每天出汗量为1 L，而在高温下从事体力劳动，每天平均出汗量达3～8 L。由于汗的主要成分为水，同时含有一定量的无机盐和维生素，所以大量出汗对人体的水盐代谢产生显著的影响。④影响消化系统。在高温条件下劳动时，体内血液重新分配，皮肤血管扩张，腹腔内脏血管收缩，引起消化道贫血，就会出现食欲减退、消化不良以及其他胃肠疾病。⑤影响循环系统。在高温条件下，由于大量出汗、血液浓缩，同时高温使血管扩张、末稍血液循环增加，可使心跳过速，而每搏心输出量减少，加重心脏负担，血压也有所改变，头晕脑胀。⑥影响神经系统。在高温和热辐射作用下，大脑皮层调节中枢的兴奋性增加，由于负诱导，使中枢神经系统运动功能受抑制，肌肉工作能力、动作的准确性、协调性、反应速度及注意力均降低，易发生工伤事故。⑦加重肾脏负担。高温可加重肾脏负担，降低机体对化学物质毒性作用的耐受度，使毒物对机体的毒害作用更加明显。⑧高温也可以使机体的免疫力降低，导致与心脑血管猝死（瞿惠春，2001）、呼吸道系统疾病等的发病率和死亡率增加。

2）沙尘天气对人体健康的影响

沙尘天气分为浮尘、扬沙、沙尘暴、强沙尘暴和特强沙尘暴五类。从沙尘天气的区域特征来讲，我国沙尘天气年平均发生日数大于 10 d 的区域主要分布在南疆盆地、河西地区及青藏高原东北部（李耀辉，2004）。新疆的和田是全国沙尘污染最严重的城市，沙尘天气是和田市空气重度污染的主要原因（宋健侃，2003）。沙尘天气发生时大气中的沙尘气溶胶浓度急剧上升，可吸入颗粒物（PM_{10}）含量显著增加，对大气环境和人类健康带来极大危害，可引起急性和慢性支气管炎、哮喘、肺炎甚至肺癌等呼吸道疾病，对易感人群（老人及儿童）伤害更大。

沙尘天气可通过多方面影响人体健康。空气中的沙尘对呼吸道的影响，增加一些传染性疾病传播流行的危险，可加重一些心血管疾病患者的病情。沙尘天气可使人产生刺激症状和过敏反应，对人的心理健康产生负面影响。

3）严寒对人体健康的影响

严寒天气指 0℃以下或者是下雪结冰时人体感到不适的天气状况。当温度低于平常、风速增大时，热量迅速从人体散失，可以导致冻伤、低温症等健康问题。因为结冰，可以使由道路损坏而造成的伤害增加，如跌伤和车祸导致的外伤等；不正确地使用取暖工具或汽车取暖不正确，导致一氧化碳中毒增加、火灾发生增加，等等。

低温严寒对人体有直接影响，引起多种疾病，低温严寒可引起冻僵及冻伤。当外界气温降低，人体产热少于散热，则出现人体产热及散热机制失衡，如果此时缺乏足够保暖条件，时间过久就会使机体受到损伤。低温环境下心脑血管疾病发作几率增加。环境温度的骤变能加重心血管病患者的病情并增加死亡率。低温还能引起其他疾病。当气温下降时，关节活动阻力增加，同时润滑关节的液体的黏度也增加，进一步影响了关节的活动能力。如果体温调节功能不佳，关节温度的恢复则更为延迟，就会造成关节功能疾病。另外，在寒冷的天气下，皮质素及甲状腺素释放增加，从而促进新陈代谢，但同时也抑制促性激素活动。

4）雾对人体健康的影响

雾是贴着地面层空气中悬浮着大量水滴或冰晶微滴而使水平能见距离降低到 1 km 以内的天气现象。浓雾不仅对水陆交通有不利影响，而且对工农业生产和人民身体健康也带来了严重危害。雾不利于城市空气中尘埃物的扩散，加重了空气的污染程度，严重损害人们的身体健康。酸雾的形成则与城市空气污染程度有关，其主要污染物是硫酸（盐）及钙、铵，其次是硝酸（盐）、氯及氟的化合物。并且随着城市发展，雾水中离子的总浓度已有明显增高趋势。

乌鲁木齐市冬季雾对人体危害严重。乌鲁木齐市雾天气集中出现在 12、1、2 月，2000 年、2001 年中 12 月最多，其次是 1 月。11 月至翌年 4 月正值乌鲁木齐市采暖期，由于化石燃料燃烧，再加上乌鲁木齐市四周环山，在采暖期颗粒物直接从由排放源直接排放出来的颗粒物及由于城市“热岛效应”而进入城市的污染物溶解在雾水中，增加了环境的污染。大气中 SO_2 的浓度也是 12、1、2 月较 2、3 为高；2001 年、2002 年 SO_2 浓度在 2 月较高。而大气中 NO_2、SO_2 又直接危害着人类健康。低浓度下的 SO_2 主要影响呼吸道，最初呼吸快，每次呼吸量减少，浓度较高时喉头感觉异样，并出现咳嗽、喷嚏、咳痰、声哑、胸痛、呼吸困难、呼吸道红肿等症状造成支气管炎、哮喘病，严重的可以引起肺红肿，甚至致人死亡。

12.1.2 气候变化对人居环境已有的影响

人居环境是人类工作劳动、生活居住、休息游乐和社会交往的空间场所，是与人类生存活动密切相关的地表空间。包括自然、人群、社会、居住、支撑五大系统。气候变化对人居环境的影响既有直接的，也有间接的,有局地的,也有区域的,有的影响甚至是突变性的和灾难性的。气候变化通过引起极端天气气候事件导致自然环境变化,影响社会经济系统进而影响人居环境。人类居住环境目前正面临包括水和能源短缺、垃圾处理和交通等环境问题的困扰,这些问题可能因高温、多雨而加剧。面临气候变化时,居民收入大部分来源于受气候支配的初级资源产业,如农业、林业和渔业的经济单一居住区,这些地区比经济多样化的居住区更脆弱。

面临日常生活水资源日益短缺的挑战。水是人居之本,生命之源。气候变化导致气温升高,降水分布不均,引起城市乡村的生活和生产用水日益短缺,应该快速发展生态化城市和生态化人居,并把水资源的合理利用列入生态化建设的重要位置。生活能源消耗的增长,气候变化对城市生活能源消耗的影响主要表现在随着气温升高,极端天气事件发生频繁,引起用于降温、取暖、和空气净化等提高舒适度的城市生活能源消耗明显增加。夏季的极端高温天气导致城市用电量激增,冬季严寒天气持续导致城市加强供暖强度和延长供暖时间。

气候变化的影响导致气温变化剧烈,城市流行性感冒暴发的强度和频次逐年增高。沙尘天气发生时大气可吸入颗粒物(PM_{10})含量显著增加,对大气环境和人类健康带来极大危害,可引起急性和慢性支气管炎、哮喘、肺炎甚至肺癌等呼吸道疾病,对易感人群(老人及儿童)伤害更大,医疗保健支出也会增加。

12.1.3 气候变化对交通已有的影响

新疆古称西域,自古以来就是我国一个多民族聚居的地方,是我国神圣领土的一部分。新疆各民族人民与内地各族人民的交往历史悠久,新疆与内地与境外交通历来以陆路交通为主,闻名中外的丝绸之路通贯全境。丝绸之路的开通,沟通了中西方经济、政治、文化交流,促进了人类社会文明进步,维护了国家统一,增强了汉民族与新疆各少数民族的团结。改革开放以来,新疆的公共交通事业在公路、铁路和航空都有了突破性的发展。截止到2010年底,全区公路总里程达15.3万km,到2015年新疆铁路总里程将有可能达到1.2万km,占到全国路网的1/10,新疆民航的客运量也由1978年的7万人,增加到2009年的435万人,货运量由1978年的0.12万吨,增加到2009年的3.8万吨。

气候变化对交通的影响是多方面的,在公共交通、交通系统的规划、设计建造和维护方面都有重大的影响。影响的途径主要是由于气候变化导致极端天气的增加。这些极端的天气包括高温、干旱、强降雨、暴雪、冰冻、雷暴以及沙尘暴等。极端的天气导致大风、洪水、滑坡、泥石流、雪崩等对公路、铁路、航空的安全运行具有直接的影响。如暴雨会使路面积水,致使机动车制动效率大幅降低,导致交通事故;暴雪天气覆盖公路和铁轨,致使机动车刹车失灵和火车出轨;大风能使高速公路关闭,甚至吹翻火车。2007年2月28日02时05分,由乌鲁木齐开往阿克苏的5807次列车运行至南疆铁路珍珠泉至红山渠站间42 km+300 m处时,因瞬间大风造成该次列车机后9至19节车厢脱轨侧翻,造成3名旅客死亡,2名旅客重伤,32名旅客轻伤,南疆铁路被迫中断行车。2007年7月28日,和静县北部山区暴雨引发洪水,致使正在修建的218国道便道桥被冲毁,造成218国道中断。

气候变化对航空的影响主要表现在大风、雾、低云等气象要素对航空的影响。雾使能见度降低,不符合飞机起降的要求,延误航班,滞留旅客,增加航空运输成本。2011年11月26日一场入冬以来持续时间最长、航班延误最多的一场浓雾天气,自凌晨4时至16时30分,持续近13 h的浓雾天,致使乌鲁木齐国际机场进、出港191个航班受到不同程度的延误,66进、出港航班取消,一个航班返航。此次大雾天气,使乌鲁木齐机场滞留旅客近7000人次,乌鲁木齐机场及时启动了航班大面积橙色预警。

影响居民旅游出行。新疆旅游资源主要以自然风光为主,地域分布广,很多地区海拔较高,紫外线照射强烈,早晚温差较大,达到10～15℃,交通行程较长,新疆气温虽较内地略低,气候的波动、天气的变化对新疆旅游产品具有明显的影响,这不利于新疆旅游的经济效益和社会效益。

12.2 已采取的措施

12.2.1 人体健康领域已采取的适应措施

应对高温的措施。高温天气来临,人们能够有效地采用各种适应措施来大大地减少高温对健康的可能影响。最重要和最有效的措施是健全的公共卫生基础设施、完善的高温天气预警系统和合适的高温天气紧急响应策略。适应和减轻高温天气对人类健康的影响可以在个人、集体或社会不同层次上进行。

应对沙尘天气的措施。建立与林业、气象等部门的信息沟通渠道，密切关注南疆地区沙尘天气灾情动态，加强信息采集与分析，对沙尘天气可能对公众健康产生的影响及时预警并广为宣传；坚持平战结合，积极做好沙尘天气条件下各类疾病的监测、预报和预防控制工作，随时做好人员、技术、物资和设备的应急储备工作，提高应对沙尘天气的能力，最大限度地保护人民群众的生命和财产安全。

应对低温严寒的措施。入冬前做好防寒取暖工作，提高居室温度，经常通风换气，保持室内空气清新。其次，积极开展耐寒锻炼，坚持用冷水洗手洗脸及冲洗鼻腔，建立冷适应。还应该收听天气预报，根据天气变化增减衣物。

应对雾的措施。首先要躲雾，雾天尽量不要出门行走，更不要早起锻炼，否则会造成呼吸加深、加快，从而更多地吸收到雾中的有害物质。非出门行走不可的，最好戴上口罩，防止毒雾由鼻、口侵入肺部。外出归来，应立即清洗面部及裸露的肌肤。同时，要注意调节情绪，避免伤害身体。

12.2.2 交通领域已采取的适应措施

随着气候变化的发展，新疆极端天气气候事件的发生频率可能会越来越高，为了适应气候变化，交通部门和气象部门采取了相应的适应措施。公路交通方面，积极应对极端天气，确保公路安全畅通，完善公路应急预案，加强公路和铁路的安全养护，加强极端天气监测和预警能力。针对气候恶劣的高海拔路段完善道路标志标线和安全提示，风口、风区区域，设立挡风墙、挡风桥及挡风栅栏，季节性洪水多发路段加强涵洞和防洪桥梁的建设。从管理方面，乌鲁木齐铁路局制订了《大风天气列车安全运行办法》，并根据实验数据进行了多次修改。新疆机场集团面对恶劣天气导致的航班大面积延误，及时召开协调会，安排部署应对措施：一是立即启动机场集团航班大面积延误保障预案。二是机场集团值班领导及各保障部门主要领导亲临现场。三是机场运行指挥中心及时收集各航空公司航班延误信息，并将航班动态通知旅客。四是督促各航空公司做好旅客服务、解释工作及航班退票、改签工作。五是不间断地向旅客供应冷、热饮用水，做好滞留旅客服务工作。六是投入全部警力，确保候机楼内秩序正常。七是积极协调各航空公司及时调整运力，使旅客尽快成行，减少航班延误。八是及时增加旅客班车，方便旅客进出机场。九是当天气达到起降标准时，安排开放所有值机柜台和安检通道，尽最大努力方便旅客办理手续、通过安检和登机。十是各保障部门做好信息的采集、传递工作，确保信息的时效性和有效性，切实提高全集团保障服务链条高效运转。

12.2.3 人居环境领域已采取的适应措施

新疆维吾尔自治区建设领域的节能减排工作，以科技为先导，以环境保护为重点，以节能降耗为目标，实行引进高新技术与自主研发节能环保项目、产品相结合，在建筑、供热、供排水、市容环卫等行业取得了阶段性成果。成立了节能减排、科技研发、供热体制改革等领导小组和专家小组，部署和研究节能减排科技攻关项目。新疆维吾尔自治区建筑行业引进和推广节能新技术、新工艺、新产品和新材料100余项，先后实施节能达65%以上的示范工程11项，地源热泵技术工程9项，太阳能技术工程3项，污水源供热、太阳能照明等新技术应用项目1项。其中8项被列为国家级示范项目，6项已通过建设部验收。在对先进技术引进吸收的基础上，新疆维吾尔自治区组织实施了建筑节能环保项目的研究与开发。

12.3 气候变化未来的可能影响及措施

12.3.1 未来对人体健康的可能影响及应对措施

未来气候变化及其引起的极端天气气候事件的增多对人体健康具有重要的影响，且负面影响较大，气温的升高，降水量的增多，导致空气湿度加大，有可能导致病原性传染性疾病的传播和复苏，极端高温频率和强度的增加，导致相关疾病发病率与死亡率增加。

加强气候变化背景下对人体健康影响研究，推进卫生、气象等多部门跨领域的合作。开展流行病、传染病的气候风险评估和气候区划；开展极端天气气候事件对人体健康的影响机理研究。建立和完善气候变化对人体健康影响的监测、预警。在自然环境较恶劣的区域强化综合应对措施，特别是针对南疆的沙尘天气、吐鲁番地区的高温、北疆范围的严寒、暴雪，以及乌鲁木齐等城市空气污染及雾等极端天气气候事件，实施相应的预防控制技术，为社会提供准确、及时、权威的疾病监控、评估、预警。降低因气候变化导致的对人类健康的危害。

12.3.2 未来对人居环境的可能影响及应对措施

水资源和城市能源消耗问题随着气候的变化也将逐渐敏感和激烈化，大力开展城市节水和节省能源的政策宣传工作，普及节水节能材料及设备的应用，加大城市居民节能减排的宣传工作，可以进一步提升城市应对气候变化的适应能力。

加快城市绿色生态系统的建设和规划，逐步改善恶劣环境对城市环境的影响，创造绿色健康的人居环境，同时需加强公共卫生及人体保健等健康知识的宣传，用以减少气候变化对城市居民健康不利的影响。

12.3.3 未来对交通部门的可能影响及应对措施

未来的气候变化趋势将会对新疆的交通、旅游部门产生巨大的影响。未来几十年内，新疆年平均气温呈增高趋势，增温速率为 0.33℃/10a，明显高于全国同期平均增温速率(0.22℃/10a)，年降水量呈增多趋势，冬季增幅最大。新疆特殊的地理环境和独特的气候状况使得新疆成为我国应对气候变化最敏感的区域。在全球气候变化大环境的影响下，新疆气候极端事件发生频次逐年增高。降水量的增加和分布不均，预示由强降水引起的洪涝、暴雪、泥石流等灾害将会更加频繁，这对公路铁路交通基础设施会造成较大的破坏。浓雾等极端天气的发生降低能见度，导致高速公路关闭，航班延误，滞留旅客和货物，增加运输成本。

为了应对气候变化所产生的不利影响，必须采取一定的措施来适应未来的气候变化，以减少气候变化带来的损失。交通部门应加强对极端天气气候事件的监测和预警能力建设，建立相应的极端天气灾害及其次生灾害应急机制，积极完善预警管理机制，建立相应的气候与气候变化综合观测系统。加强对各类极端天气事件发生规律和发展趋势的研究，编制交通应对极端天气气候事件的规划，提高公路、铁路工程防洪、防风设计规范的标准。考虑新疆未来气候变化，综合应用最新的科学知识进行交通系统的重新规划和设计，努力是交通基础设施不受或者少受未来气候变化的不利影响。

12.3.4 未来对旅游业的可能影响及应对措施

随着气候变化日益加剧，旅游业是气候变化影响下的敏感和脆弱的产业之一，科学分析气候变化对旅游业的各种影响，提出旅游业应对气候变化的对策措施，有助于促进旅游业的可持续发展。从旅游资源、旅游市场格局与游客行为、旅游产品、旅游服务体系、旅游效益等方面分析气候变化对新疆旅游业的影响，适应措施应提高旅游场所和设施的安全度，建立旅游安全应急救援机制。

附录　基本概念

暖昼日数:从低到高排序,日最高气温超过第 95 个百分位数的天数。

暖夜日数:从低到高排序,日最低气温超过第 95 个百分位数的天数。

冷昼日数:从低到高排序,日最高气温低于第 5 个百分位数的天数。

冷夜日数:从低到高排序,日最低气温低于第 5 个百分位数的天数。

高温日:日极端最高气温≥35℃,定义为高温日。

严寒日:日极端最低气温≤－20℃,定义为严寒日。

暴雨日:一天(24 小时)降水量大于 24 毫米,定义为暴雨日。

暴雪日:一天(24 小时)降雪量大于 12 毫米,定义为暴雪日。

种植制度:一个生产单位内作物种植的种类与比例(作物布局)、一年种植的次数(复种)及种植方式与方法(轮作或连作、单作或间套作、直播或移栽等)。

沙尘暴日数:沙尘暴是指由于强风将地面大量尘沙吹起,使空气相当混浊,水平能见度小于 1.0 km 的天气现象。出现沙尘暴现象的日数总和称为沙尘暴日数。

扬沙日数:扬沙是指由于风大将地面尘沙吹起,使空气相当混浊,水平能见度大于等于 1.0 km 至小于 10.0 km 的天气现象。出现扬沙现象的日数总和称为扬沙日数。

浮尘日数:浮尘是指尘土、细沙均匀地浮游在空中,使水平能见度小于 10.0 km 的天气现象。出现浮尘现象的日数总和称为浮尘日数。

沙尘天气日数:出现沙尘暴、扬沙、浮尘任何一种特殊天气现象的日数总和。

风能:地球表面空气流动所产生的动能,或表示为以速度 V 自由流动的气流每秒钟在面积 A 上获得的能量。

太阳能:太阳以电磁波方式到达地球的能量。

度日:所谓每一天的度日是指每天的日平均气温与基础温度的差值。度日分为采暖度日和制冷度日,《报告》中分别以 26℃和 18℃作为制冷度日和采暖度日的基础温度。

采暖度日数:一年中当某天室外日平均温度低于 18℃时,将低于 18℃的度数乘以 1 天,所得出的乘积的累加值。单位为℃·d。

制冷度日数:一年中当某天是室外日平均温度高于 26℃时,将高于 26℃的度数乘以 1 天,再将每一天的乘积累加。单位为℃·d。

参考文献

Chahine M T. 1992. The hydrological cycle and its influence on climate. Nature. **359**(6394):373-380

Cheug YS. On the observations of yellow sand(dust storms) in Korea. Atmos Environ. 1992. 26A:2743-2749

Dai X G. W ang P. Zhang P. et a1. Rainfall in North China and its possible m echanism analysis. Progress in Natural Sciences. 2004. **14**(7):598-604

IPCC. Climate Change 2007:The Physical Science Basis. Cont ribution of Working Group I to the Fourth Assessment Report of the Intergovernmental Panel on Climate Change. Cambridge. UK:Cambridge University Press. 2007

IPCC(1ntergovernmental Panel on Climate Change). Impacts. adaptation. and vulnerability climate change 2001. Third Assess—ment Report of the 1PCC. Cambridge University Press. 2001

Li Zhongqin. Wang Wenbin. Zhang Mingjun et a1. Observed changes in streamflow at the headwaters of the Oramqi River. Eastern Tianshan. Central Asia. Hydrological Processes. 2009. dot:10. 1002/hyp. 7431

Schwmartz J. Dockery DW. Increased mortality in Philadelphia associated with daity air pollution concertrations. Am Hev Respir Dis. 1992. **145**:600-604

Schwarlz J. What are People dying of on high air pollution days? Environ Res. 1994. **64**:26-35

Zanobetti A. Schwartz J. Gold D. et al. Are there sensitive subgroups for the effects of airborne particles? Environment Health Prospect. 2000. **108**:841-845

艾尼瓦尔·依沙木丁,沙拉买提,玉苏甫·阿布都拉. 2004. 和田地区气候年代际变化对农业生态环境的影响及对策. 新疆气象. **27**(6):26-28

阿不都沙拉木·阿扎提,阿丽亚·阿不都克里木,贾健等. 2011. 气候变化对新疆草原牧草生长的影响. 科技与生活,(6):101

崔智慧,黄跃青. 2010. 极端温度事件对人体健康的影响及对策. 大众科技,**6**:116-117

蔡英,钱正安,吴统文等. 2004. 青藏高原及周围地区大气可降水量的分布、变化与各地多变的降水气候. 高原气象,**23**(1):1-10

蔡国田,张雷. 2005. 中国能源安全研究进展. 地理科学进展,**24**(6):79-87.

曹丽青,葛朝霞,薛梅. 2009. 1951～2006 年新疆地区气候变化特征及其与水资源的关系. 河海大学学报(自然科学版),**37**(3):281-283

曹占洲,毛炜峄,李迎春等. 2011. 近 49 年新疆棉区≥10℃终日和初霜期的变化及对棉花生长的影响. 中国农学通报,**27**(8):355-361

陈峰,袁玉江,魏文寿等. 2008. 利用树轮图像灰度重建南天山北坡西部初夏温度序列. 中国沙漠,**28**(5):842-847

陈洪武,辛渝,陈鹏翔等. 2010. 新疆多风区极值风速与大风日数的变化趋势. 气候与环境研究,**15**(4):479-490

陈洪武,任宜勇,王胜利等. 2006. 新疆阿拉山口风速和风功率密度特征分析. ESSPOSC(2006)会议交流.

陈洪武,王旭,马禹. 2000. 新疆沙尘暴气候背景场的分析. 气象,**29**(6):37-40

陈金梅,沈建知,王剑峰. 2009. 气候变化对新疆乌苏市棉花生产的影响及应对措施. 中国棉花,2009(6):31

陈金梅. 2010. 棉花"新陆中 26 号"在乌苏市种植情况及表现. 新疆农业科技,2010(1):38

陈建江. 2002. 新疆干旱区的水环境问题分析及对策. 中国水利学会 2002 学术年会论文集

陈隆勋,朱乾根,罗会邦等. 1991. 东亚季风,北京:气象出版社.

陈曦. 2010. 中国干旱区自然地理. 北京:科学出版社

陈亚宁,徐长春,郝兴明等. 2008. 新疆塔里木河流域近 50 年气候变化及其对径流的影响. 冰川冻土,**30**(6):921-929

陈亚宁,徐长春,杨余辉等. 2009. 新疆水文水资源变化及对区域气候变化的响应. 地理学报,,**64**(11):1331-1341

陈亚宁,李卫红,,陈亚鹏等. 2007. 新疆塔里木河下游断流河道输水与生态恢复. 生态学报,**27**(2) : 538-545

陈颖,邓自旺,史红政. 2006. 阿克苏河径流量时间变化特征及成因分析. 干旱区研究,**23**(1):21-25

陈峪,叶殿秀. 2005. 温度变化对夏季降温耗能的影响. 应用气象学报,**16**(增刊):97-104

陈峪,黄朝迎. 2000. 气候变化对能源需求的影响. 地理学报,**55**(增刊):11-19

陈正洪,洪斌. 2000. 华中电网四省日用电量与气温关系的评估. 地理学报,**55**(增刊):34-38

程国栋. 王根绪. 2006. 中国西北地区的干旱和旱灾变化趋势与对策[J]. 地学前缘. **13**(1):3-14

崔彩霞,李杨,杨青.2008.新疆夜雨和昼雨的空间分布和长期变化.中国沙漠,**28**(5):903-907
崔彩霞,魏荣庆,秦榕等.2006.灌溉对局地气候的影响,气候变化研究进展,**2**(6):292-295
迪丽努尔,塔力甫.2004.乌鲁木齐市冬季雾形成特点及其对人体健康的影响.环境科学与技术,**27**:185-186
戴新刚,任宜勇,陈洪武. 2007.近50a新疆温度降水配置演变及其尺度特征.气象学报,**65**(6):1003-1010
邓铭江,郭春红.2004.干旱区内陆河流域水文与水资源问题.水科学进展,**15**(6):819-823
邓铭江.2006.塔里木河流域气候与径流变化及生态修复.冰川冻土,**28**(5):694-702
邓铭江.2004.塔里木河流域未来的水资源管理.水资源管理,**17**:20-23
邓铭江,蔡建元,董新光等.2004.干旱地区内陆河流域水文问题的研究实践与展望.水文,**24**(3):18-24
邓铭江,裴建生,王智等.2007.干旱区内陆河流域地下水调蓄系统与水资源开发利用模式.干旱区地理,**30**(5):621-628
邓铭江.2009.新疆水资源战略问题探析.水资源管理,**17**:23-27
邓铭江,章毅,李湘权.2010.新疆天山北麓水资源供需发展趋势研究.干旱区地理,**33**(3):315-324
第二次气候变化国家评估报告编写委员会.2011.第二次气候变化国家评估报告.北京:科学出版社
董新光,姜卉芳,邓铭江.2001.新疆水资源短缺原因分析.新疆农业大学学报,**24**(1):10-15
段建军,王彦国,王晓风等.2009.1957—2006年塔里木河流域气候变化和人类活动对水资源和生态环境的影响.冰川冻土,**31**(5):781-791
傅玮东,姚艳丽,毛炜峄.2009.棉花生长期的气候变化对棉花生产的影响—以新疆昌吉回族自治州为例.干旱区研究.**26**(1):142-148
傅抱璞.1988.山地气候要素空间分布的模拟.气象学报,(3):319～326
傅丽昕,陈亚宁,李卫红等.2009.近50a来塔里木河源流区年径流量的持续性和趋势性统计特征分析.冰川冻土,**31**(3):157-163
冯刚,李卫华,韩宇.2010.新疆太阳能资源及区划.可再生能源,**28**(3):133-139
葛新娟,尤平达,吉锦环等.2006.天山北坡中段主要河流的枯季径流分析.干旱区地理,**29**(3):14-17
葛红.2000.高温、高湿人体健康的杀手.环境与生活,**11**:20-21
高卫东,魏文寿,张丽旭.2005.近30a来天山西部积雪与气候变化—以天山积雪雪崩研究站为例.冰川冻土,**27**(1):68-73
高俊灵.2007.北疆界限温度10℃初日变化及其对作物物候期的影响.沙漠与绿洲气象,**1**(2):47-49
高建华,谢学勤,李洪权等.2007.沙尘天气对健康的影响及防控建议.首都公共卫生,**1**(5):209-211
高素华,潘亚茹.1994.气候变化对植物气候生产力的影响.气象,**20**(1):30-33
高卫东,袁玉江,张瑞波.2012.基于树木年轮的呼图壁河流域草地归一化植被指数重建.东北林业大学学报,**40**(4):26-30
高鑫,叶柏生,张世强等.2010.1961～2006年塔里木河流域冰川融水变化及其对径流的影响.中国科学:地球科学,**40**(5):654-665
高鑫,张世强,叶柏生等.2010.961—2006年叶尔羌河上游流域冰川融水变化及其对径流的影响.冰川冻土,**32**(3):445-453
贺晋云,张明军,王鹏等.2011.新疆气候变化研究进展.干旱区研究,Vol.**28**(3):499-509
韩萍,薛燕,苏宏超.2003.新疆降水在气候转型中的信号反应.冰川冻土,**25**(2):179-182
韩淑媞,王承义,袁玉江.1992.北疆干旱区500年来环境演变序列.中国沙漠,**12**(1):1-8
何清,杨青,李红军.2003.新疆40 a来气温、降水和沙尘天气变化.冰川冻土,**25**(4):423-427
何清,袁玉江,魏文寿等.2003.新疆地表水资源对气候变化的响应初探.中国沙漠,**23**(5):493-396
胡江玲,满苏尔·沙比提,娜斯曼·那斯尔丁.2010.新疆阿图什市气候变化特征及其对农业生产的影响.干旱地区农业研究,**28**(4):258-263
胡汝骥,马虹,樊自立.2002.近期新疆湖泊变化所示的气候变化.干旱区资源与环境,**16**(1):20-27
胡汝骥,姜逢清,王亚俊.2003.新疆雪冰水资源的环境评估.干旱区研究,**20**(3):187-191
胡汝骥.2004.中国天山自然地理.北京:中国环境科学出版社
胡义成,魏文寿,袁玉江等.2012.基于树轮的阿勒泰地区1818～2006年1～2月降雪量重建与分析.冰川冻土,**34**(2):319-327
黄健,毛炜峄,李燕等.2003.渭干河流域"2002.7"特大洪水分析.冰川冻土,**25**(2):204-201
贾宏涛,赵成义,巴特尔·巴克等.2009.新疆气候变化影响的观测事实及其对农牧业生产的影响.干旱区资源与环境,**23**(11):72-76
贾丽佳,齐世欣.2010.沙尘暴对人体健康的影响卫生与健康,**32**:617-617

姜逢清，胡汝骥，李珍. 2006. 新疆主要城市的采暖与制冷度日 Ⅰ. 空间变化特征. 干旱区地理，**29**(6)：773-778

姜逢清，胡汝骥，李珍. 2007. 新疆主要城市的采暖与制冷度日 Ⅱ. 近 45 年来的变化趋势. 干旱区地理，**30**(5)：629-636

江远安，魏荣庆，王铁等. 2007. 塔里木盆地西部浮尘天气特征分析. 中国沙漠，**27**(2)：301-306

金建新，周迎. 2009. 2008 年新疆统计年鉴. 北京：中国统计出版社

蒋艳，周成虎，程维明. 2005. 阿克苏河流域径流补给及径流变化特征分析. 自然资源学报，**20**(1)：27-34

蒋艳，夏军. 2007. 塔里木河流域径流变化特征及其对气候变化的响应. 资源科学. **29**(3)：45-52

蓝永超，沈永平，吴素芬等. 2007. 近 50 年来新疆天山南北坡典型流域冰川与冰川水资源的变化. 干旱区资源与环境，**21**(11)：1-8

蓝永超，吴素芬，钟英君等. 2007. 近 50 年来新疆天山山区水循环要素的变化特征与趋势. 山地学报，**25**(2)：177-183

蓝永超，吴素芬，韩萍等. 2008. 全球变暖情境下天山山区水循环要素变化的研究. 干旱区资源与环境，**22**(6)：99-104

蓝永超，钟英君，吴素芬等. 2009. 天山南、北坡河流出山径流对气候变化的敏感性分析——以开都河与乌鲁木齐河出山径流为例. 山地学报，**27**(6)：712-718

李丽，叶凯，马雪芹. 2000. 气候变化与和田附近地区粮食生产的研究. 新疆农业科学，2000(3)：103-106

李迎春，谢国辉，傅玮东等. 2007. 塔城地区气候变化对作物生育期的影响. 地球科学进展，**22**(特)：36-40

李迎春，谢国辉，王润元等. 2011. 北疆棉区棉花生长期气候变化特征及其对棉花发育的影响. 干旱地区农业研究. Vol. **29**(2)：253-257

李卫华. 2010. 新疆太阳能利用的情况和特点(上). 太阳能，(5)：51-53

李卫华. 2010. 新疆太阳能利用的情况和特点(下). 太阳能，(6)：52-54

李世超，杨英宝，闫军. 2005. 南疆地区武警官兵鼻部疾病调查分析及防治. 武警医学，**16**(3)：232-233

李霞，王胜利. 2008. 1980～2007 年新疆能见度变化趋势及其影响因子探讨.《第五届海峡两岸气溶胶技术研讨会论文集》

李晓川，张仕明，周雪英等. 2010. 气候变暖对巴州地区农业生产的影响. 现代农业科技，2010(22)：307-308

李晓文，李维亮，周秀骥. 1998. 中国近 30 年太阳辐射状况研究. 应用气象学报，**9**(1)：25-32

李小锋，刘秀梅，李建明等. 2011. 天山北坡不同类型草地产草量变化原因分析. 新疆畜牧业，2011(3)：30-33

李媛，辛小毛，王海英等. 2005. 浅析雾日污染及对人体的危害. 天津科技，**1**：46-47

李艳，王元，汤剑平. 2007. 中国近地层风能资源的时空变化特征. 南京大学学报(自然科学)，**43**(3)：280-291

李艳，王元，储惠芸等. 2008. 中国陆域近地层风能资源的气候变异和下垫面人为改变的影响. 科学通报，**53**(21)：2646-2653

李燕. 2003. 近 40 a 来新疆河流洪水变化. 冰川冻土，**25**(3)：342-346

李加拉. 1995. 且末县世居人群风沙尘肺 x 线胸片调查. 环境与健康杂志，1995(12)：38

李永安，常静，戎卫国等. 2006. 山东省采暖空调度日数及其分布特征. 可再生能源，2006(2)：13-15

李江风，袁玉江，由希尧等. 2000. 树木年轮水文学研究与应用. 北京：科学出版社

李江风等编著. 2006. 乌鲁木齐河流域水文气候资源与区划. 北京：气象出版社

李红军，江志红，魏文寿. 2007. 近 40 年来塔里木河流域旱涝的气候变化. 地理科学，**27**(6)：801-807

李红军，江志红，刘新春等. 2008. 阿克苏河径流变化与北大西洋涛动的关系. 地理学报，**63**(5)：491-501

李庆祥，刘小宁，张洪政等. 2003. 定点观测气候序列的均一性研究. 气象科技，**31**(1)：3-10

李香云，王立新，章予舒. 2004. 近 40 年我国西北荒漠化区降水和气温的时空变异特征——以塔里木河流域为例. 气候与环境研究，**9**(4)：658-669

李新建，唐凤兰. 2002. 北疆棉区棉花盛夏受灾原因分析. 新疆农业大学学报，**25**(3)：29-31

李广华，阿尔孜古丽·艾赛，张莉等. 2011. 新疆草地螟暴发成因及防治对策. 新疆农业科技，2011(3)：26

李忠勤，韩添丁，井哲帆等. 2003. 乌鲁木齐河源区气候变化和 1 号冰川 40a 观测事实. 冰川冻土，**25**(2)：117-123

刘丽娜，师庆东，张飞. 2007. 北疆地区近 41 年来积温变化趋势特征研究. 干旱区资源与环境，**21**(10)：52-56

刘云红. 2006. 高温影响人体健康的生理机制及营养素的补充. 辽宁师专学报，**8**(6)：66-67

刘建军，郑有飞，吴荣军. 2008. 热浪灾害对人体健康的影响及其方法研究. 自然灾害学报，**17**(1)：151-156

刘惠云，吴彦，路光辉等. 2009. 南疆南部夏季高温的公路交通响应. 干旱区研究，**26**(6)：909-916

刘健，陈星，彭恩志等. 2005. 气候变化对江苏省城市系统用电量变化趋势的影响. 长江流域资源与环境，**14**(5)：546-550

刘时银，丁永建，张勇等. 2006. 塔里木河流域冰川变化及其对水资源影响. 地理学报，**61**(5)：482-490

刘新春，杨青，梁云. 2006. 近 40 年阿克苏河流域径流变化特征及影响因素研究. 中国人口资源与环境，**16**(3)：82-87

刘新春，钟玉婷，王敏仲等. 2010. 塔里木盆地大气降尘变化特征及影响因素分析. 中国沙漠，(4)：954-960

刘素娟. 2008. 浅析阿图什市沙尘天气对人体健康的影响及防护措施. 中国社会医学杂志，**25**(3)：171-172

来欣，张永明，李虎等. 2004. 新疆国土资源环境遥感综合调查研究. 新疆人民出版社
林而达，许吟隆，蒋金荷等. 2006. 气候变化国家评估报告(Ⅱ)：气候变化的影响与适应. 气候变化研究进展，**2**(2)：51-56
吕绍勤，徐世阁. 1996. 新疆能源手册. 新疆人民出版社
吕绍勤，张华，冯刚. 1991. 新疆太阳能资源及经济评价. 新疆人民出版社
罗运俊，何梓年，王长贵等. 2005. 太阳能利用技术. 北京：化学工业出版社
买买提・阿不来提，张英哲，梁云等. 2009. 2008年乌鲁木齐地区异常干旱探析. 现代农业科技，**8**：282-286
马金珠，李吉均，高前兆. 2002. 气候变化与人类活动干扰下塔里木盆地南缘地下水的变化及其生态环境效应. 干旱区地理，**25**(1)：16-23
马金玲，尤平达，刘学工. 2010. 玛纳斯河流域近期水文情势变化分析. 干旱区资源与环境，**24**(8)：31-35
满苏尔・沙比提，楚新正. 2007. 近40年来塔里木河流域气候及径流变化特征研究. 地域研究与开发，**26**(4)：97-101
满苏尔・沙比提，胡江玲，迪里夏提・司马义. 2008. 近40年来渭干河～库车河三角洲绿洲气候变化特征分析. 地理科学，**28**(4)：518-524
毛炜峄，吴钧，陈春艳. 2004. 0℃层高度与夏季阿克苏河洪水的关系. 冰川冻土，**26**(6)：697-704
毛炜峄，孙本国，王铁等. 2006. 近50年来喀什噶尔河流域气温、降水及径流的变化趋势. 干旱区研究，**23**(4)：531-538
毛炜峄，玉素甫・阿布都拉，程鹏等. 2007. 1999年夏季中昆仑山北坡诸河冰雪大洪水及其成因分析. 冰川冻土，**29**(4)：553-558
毛炜峄，曹占洲，沙依然等. 2007. 隆冬异常升温北疆积雪提前融化. 干旱区地理，**30**(3)：460-462
毛炜峄，张旭，杨志华等. 2010. 卫星遥感首次监测到准噶尔盆地西北部的冬季融雪洪水. 冰川冻土，**32**(1)：211-214
毛炜峄，樊静，沈永平等. 2012. 近50年新疆区域与天山山区典型洪水变化特征及七对气候变化的响应. 冰川冻土，**34**(5)：1037-1046
宁金花，申双和. 2008. 气候变化对中过水资源的影响. 安徽农业科学，**36**(4)：1580-1583
帕力孜旦・吾不力，迪丽努尔・阿吉. 2011. 气候变化对喀什市粮食产量的影响. 现代农业科技，2011(8)：287-288
潘小川. 2010. 沙尘暴健康效应的研究进展与展望. 环境与健康，**27**(9)：753-754
潘亚婷，袁玉江，喻树龙. 2007. 博尔塔拉河流域过去461a夏季温度的重建和分析. 中国沙漠，**27**(1)：159-164.
普宗朝，张山清，王胜兰等. 2011. 近48a新疆干湿气候时空变化特征. 中国沙漠. **31**(6)：1563-1572
钱颖骏，李石柱，王强等. 2010. 气候变化对人体健康影响的研究. 气候变化研究进展，**6**(4)：241-247
钱正英. 2004. 西北地区水资源配置生态环境建设和可持续发展战略研究：综合卷. 北京：科学出版社
钱正安，吴统文，梁萧云. 2001. 青藏高原及周围地区的平均垂直环流特征. 大气科学，**25**(4)：444-454
秦大河，陈振林，罗勇等. 2007. 气候变化科学的最新认知. 气候变化研究进展，**3**(2)：63-73
秦大河. 2002. 中国西部环境演变评估(综合卷). 北京：科学出版社
秦大河，丁一汇，苏纪兰等. 2005. 中国气候与环境演变评估(I)：中国气候与环境变化及未来趋势. 气候变化研究进展，**1**(1)：4-958
瞿惠春，徐绍春. 2001. 院外猝死与气象条件变化. 临床急诊杂志，**2**(3)：104-106
任玉玉，任国玉，千怀遂. 2009. 中国各省级行政区未来气候耗能变化可能情景. 地理研究，**28**(1)：36-44
任志远，李强. 2008. 1978年以来中国能源生产与消费时空差异特征. 地理学报，**63**(12)：1318-1326
尚华明，魏文寿，袁玉江等. 2011. 哈萨克斯坦东北部310年来初夏温度变化的树轮记录. 山地学报，**29**(4)：402-408
邵春. 2008. 气候变化与人类活动对开都河流域水文过程的影响研究. 甘肃. 中国科学院寒区旱区环境与工程研究所
沈永平，王顺德，王国亚等. 2006. 塔里木河流域冰川洪水对全球变暖的响应. 气候变化研究进展，**2**(1)：32-35
沈永平，王国亚，苏宏超等. 2007. 新疆阿尔泰山区克兰河上游水文过程对气候变暖的响应. 冰川冻土，**29**(6)：845-853
沈永平，王国亚，张建岗. 2008. 人类活动对阿克苏河绿洲气候及水文环境的影响. 干旱区地理，**07**：524-534
施雅风. 1990. 山地冰川与湖泊萎缩所指示的亚洲中部气候干暖化趋势与未来展望. 地理学报，**45**(1)：1-13
施雅风. 2003. 中国西北气候由暖干向暖湿转型问题评估. 北京：气象出版社. 39-45.
施雅风，沈永平，胡汝骥. 2002. 西北气候由暖干向暖湿转型的信号、影响和前景初步探讨. 冰川冻土，**24**(3)：219-226
施雅风，沈永平，李栋梁等. 2003. 中国西北气候由暖干向暖湿转型的特征和趋势探讨. 第四纪研究，**23**(2)：152-164
施雅风. 2005. 简明中国冰川目录. 上海科学普及出版社.
苏宏超，魏文寿，韩萍. 2003. 新疆近50 a来的气温和蒸发变化. 冰川冻土 **25**(2)：174-178
苏宏超，巴音查汗，庞春花等. 2006. 艾比湖面积变化及对生态环境影响. 冰川冻土，**28**(6)：941-949
苏宏超，沈永平，韩萍等. 2007. 新疆降水特征及其对水资源和生态环境的影响. 冰川冻土，**29**(3)：343-350
苏宏超. 2008. 2005年以来新疆的冰凌灾害. 冰川冻土，**30**(6)：343-350
宋艳玲，张强，董文杰. 2004. 气候变化对新疆地区棉花生产的影响. 中国农业气象，Vol. **25**(3)：15-20

宋怡，马明国. 2007. 基于 SPOT VEGETATION 数据的中国西北植被覆盖变化分析. 中国沙漠，**27**(1)：89-94
孙慧兰，李卫红，徐远杰等. 2010. 新疆伊犁河流域牧草气候生产潜力的时空变化特征分析. 草业学报，**19**(6)：55-61
孙本国，毛炜峄，冯燕茹等. 2006. 叶尔羌河流域气温、降水及径流变化特征分析. 干旱区研究，**23**(2)：203-209
孙本国，沈永平，王国亚. 2008. 1954—2007 年叶尔羌河上游山区径流和泥沙变化特征分析. 冰川冻土，**30**(6)：1068-1072
谭新平，李春梅，曹晓莉等. 2004. 塔里木河干流近 50a 地表水资源利用问题评估. 干旱区研究，**21**(3)：193-198
谭芫，李宇安，姜逢清等. 2004. 1987 年后博斯腾湖水位的还原分析. 干旱区地理，**27**(3)：315-319
陶辉，毛炜峄，白云岗等. 2009. 45 年来塔里木河流域气候变化对径流量的影响研究. 高原气象，**28**(4)：854-600
唐湘玲，刘姣娣，吕新. 2010. 石河子地区近 48 年来气候变化对棉花产量影响分析. 中国农学通报，**26**(20)：324-329
唐湘玲，吕新. 2011. 石河子垦区气候变化与棉花产量的关系. 湖北农业科技，**50**(8)：1533-1536
唐克旺. 2002. 西北地区生态环境现状和演化规律研究. 干旱区地理，**25**(2)：132-138
田苹，李绍云，李耀宁等. 2009. 气候变化对人类生存环境的影响分析. 环境保护与循环经济，**3**：48-51
谈建国，黄家鑫. 2004. 热浪对人体健康的影响及其研究方法. 气候与环境研究，**9**(4)：680-686
吴敬锐，杨兆萍. 2011. 新疆能源消费与经济增长的定量关系分析. 干旱区资源与环境，**25**(2)：8-13.
280-291
吴荣军，郑有飞，刘建军等. 2010. 长江三角洲主要城市高温灾害的趋势分析. 自然灾害学报，19(5)：56-63
文小航，尚可政，王式功等. 2008. 1961～2000 年中国太阳辐射区域特征的初步研究. 中国沙漠，**28**(3)：554-561
魏文寿，袁玉江，喻树龙等. 2008. 中国天山山区 235a 气候变化及降水趋势预测. 中国沙漠，**28**(5)：803-808
王秋香，李红军，魏荣庆等. 2005. 1961～2002 年新疆季节冻土多年变化及突变分析. 冰川冻土，**27**(6)：820-826
王建刚，王建林，徐建春等. 2009. 气候变化对北疆北部棉花生产的影响及对策. 中国农业气象，Vol. **30**(Supp. 1)：103-106
王永兴. 2002. 新疆宏观生态的空间分异与变化. 干旱区地理，**25**(1)：4-9
王旗，廖逸星，毛毅等. 2011. 沙尘天气导致人群健康经济损失估算. 环境与健康，**28**(9)：804-808
王国亚，沈永平，毛炜峄. 2005. 乌鲁木齐河源区 44a 来的气候变暖特征及其对冰川的影响. 冰川冻土，**27**(6)：813-819
王国亚，沈永平，苏宏超等. 2008. 1956～2006 年阿克苏河径流变化及其对区域水资源安全的可能影响. 冰川冻土，**30**(4)：562-568
王琴，邓铭江，董新光等. 2008. 干旱内陆河地下水库极限蓄水能力分析. 人民黄河，**30**(10)：5-6
王圣杰，张明军，李忠勤等. 2011. 近 50 年来中国天山冰川面积变化对气候的响应. 地理学报，Vol. **66**(1)：9-29
王世江，邓铭江，李世新. 2002. 新疆水资源开发利用的基本认识与实践. 新疆农业大学学报，**25**：11-15
王顺德，王彦，王进等. 2003. 塔里木河流域近 40a 来气候、水文变化及其影响. 冰川冻土，**25**(3)：315-320
王顺德，李红德，许泽锐等. 2003. 塔里木河中游滞洪区的形成及其对生态环境的影响. 冰川冻土，**25**(6)：712-718
王顺德，李红德，胡林金等. 2004. 2002 年塔里木河流域四条源流区间耗水分析. 冰川冻土，**26**(4)：496-502
王亚俊，吴素芬. 2003. 新疆吐鲁番盆地艾丁湖的环境变化. 冰川冻土，**25**(2)：229-231
王永莉，玉苏甫·阿布都拉，马宏武等. 2008. 和田河夏季流量对区域 0℃层高度变化的响应. 气候变化研究进展，**4**(3)：151-155
王宗太，苏宏超. 2003. 世界和中国的冰川分布及其水资源意义. 冰川冻土，**25**(5)：498-503
魏文寿，袁玉江，喻树龙等. 2008. 中国天山山区 235a 气候变化及降水趋势预测. 中国沙漠，**28**(5)：803-808
吴素芬，何文勤，胡汝骥等. 2001. 近年来新疆盆地平原区域湖泊变化原因分析. 干旱区地理，**24**(2)：123-129
吴素芬，陈广新，黄玉英等. 2003. 2002 年渭干河流域特大暴雨洪水和水文在抗洪减灾中的作用. 新疆水利，(4)：20-23
吴素芬，韩萍，李燕等. 2003. 塔里木河源流水资源变化趋势预测. 冰川冻土，**25**(6)：708-711
吴素芬，张国威. 2003. 新疆河流洪水与洪灾的变化趋势. 冰川冻土，**25**(2)：199-203
吴素芬，刘志辉，韩萍等. 2006. 气候变化对乌鲁木齐河流域水资源的影响. 冰川冻土，**28**(5)：703-706
吴素芬，刘志辉，邱建华. 2006. 北疆地区融雪洪水及其前期气候积雪特征分析. 水文，**26**(6)：84-87
吴素芬，王志杰，吴超存等. 2010. 新疆主要河流水文极值变化趋势. 干旱区地理，**33**(1)：1-7
徐德源，1989. 新疆农业气候资源及区划，北京：气象出版社
徐兴奎，陈红，张凤. 2007. 中国西北地区地表植被覆盖特征的时空变化及影响因子分析. 环境科学，**28**(1)：41-47
徐长春，陈亚宁，李卫红等. 2006. 塔里木河流域近 50 年气候变化及其水文过程响应. 科学通报，**51**(增刊)：21-30
徐长春，陈亚宁，李卫红等. 2007. 45a 来塔里木河流域气温、降水变化及其对积雪面积的影响. 冰川冻土，**29**(2)：183-190
徐海量，叶茂，宋郁东. 2007. 塔里木河源流区气候变化和年径流量关系初探. 地理科学，**27**(2)：219-224
徐贵青，魏文寿. 2004. 新疆气候变化及其对生态环境的影响. 干旱区地理，**27**(1)：14-18
徐盛谨. 2006. 高温对人体健康的影响及劳动保护问题探讨. 扬子石油化工，**21**(5)：45-47
许崇海，徐影，罗勇. 2008. 新疆地区二十一世纪气候变化分析. 沙漠与绿洲气象，(10)：1-7

熊玮仪,李晨,邓立权等.2010.低温雨雪冰冻灾害对灾区居民健康及生活影响.中国公共卫生,**26**(10):1256-1258
辛渝,陈洪武,张广兴.2008.新疆年降水量的时空变化特征.高原气象,**27**(5):993-1003
谢新,乔玉新.2007.巴音郭楞州甜菜含糖量降低与气候变化成因分析.新疆农业科学,**44**(S2):65-67
新疆维吾尔自治区人民政府,中华人民共和国水利部. 2002.塔里木河流域近期综合治理规划报告,北京:中国水利水电出版社
易长模.2001.我国西北气候变化对人体健康的潜在影响.矿业科学技术,**4**:36-39
于国新.2007.新疆能源消费结构分析.《当代经济》,**2**:65-66
杨霞,赵逸舟,赵克明等.2007.冬季变暖对乌鲁木齐市采暖气象条件的影响及气象节能潜力分析.干旱区地理,**30**(5):629-636
杨青,史玉光,李扬.2007.开都河流域雨量与径流变化分析.沙漠与绿洲气象,**1**(1):11-15
杨针娘.1991.中国冰川水资源.兰州:甘肃科学技术出版社
杨针娘.刘新仁.曾群柱.等.2000.中国寒区水文.北京:科学出版社
杨莲梅.2003.新疆极端降水的气候变化.地理学报,**58**(4):577-58
尹红,袁玉江,刘洪滨等.2009.1543—2001年北疆区域年降水量变化特征分析.冰川冻土,**31**(4):605-612
喻树龙,袁玉江,魏文寿等.2008.天山北坡西部树木年轮对气候因子的响应分析及气温重建.中国沙漠,**28**(5):827-833
袁玉江,韩淑媞.1991.北疆500年干湿变化特征.冰川冻土,**13**(4):314-322
袁玉江,李江风.1999.天山乌鲁木齐河源450a冬季温度序列的重建与分析.冰川冻土,**21**(1):64-70
袁玉江,桑修成,龚原,等.2001.新疆气候对地表水资源影响的区域差异性初探.应用气象学报,**12**(2):210-217
袁玉江,何清,喻树龙.2004.天山山区近40年降水变化特征与南北疆的比较.气象科学,**24**(2):220-226
袁玉江,邵雪梅,魏文寿等.2005.乌鲁木齐河山区树木年轮——积温关系及≥5.7℃积温的重建.生态学报,**25**(4):756-762
赵东,罗勇,高歌等.2010.1961年至2007年中国日照的演变及其关键气候特征.资源科学,**32**(4):701-711
赵勇,崔彩霞,李扬.2011.新疆天山地区日照时数的气候特征.干旱区研究,**28**(4):688-693
赵效国,周晶,王旗等.2011.新疆南部两城市沙尘天气对成人健康的影响.环境与健康,**28**(10):887-889
郑山,王敏珍,史莹莹等.2011.低温寒潮对人体健康影响研究进展.兰州大学学报,**47**(4):44-48
郑维,林修碧.1992.新疆棉花生产与气象,乌鲁木齐:新疆科技卫生出版社
周晶,赵效国,王旗等.2010.新疆南部三城市沙尘天气对小学生上呼吸道及眼不适症状的影响.环境与健康,**27**(9):767-771
周晓农. 2010.气候变化与人体健康.气候变化研究进展,**6**(4):235-240
张存杰,谢金南,李栋梁.2002.东亚季风对西北地区干旱气候的影响.高原气象,**21**(2):193-198
张国威,吴素芬,王志杰. 2003.西北气候环境转型信号在新疆河川径流变化中的反映.冰川冻土,**25**(2):183-187
张广兴,杨莲梅,杨青.2005.新疆43a来夏季0℃层高度变化和突变分析.冰川冻土,**27**(3):376-378
张广兴.2007.新疆夏季0℃层高度变化对河流年径流量的影响.地理学报,**62**(3):279-290
张广兴,孙淑芳,赵玲等. 2009.天山乌鲁木齐河源1号冰川对夏季0℃层高度变化的响应.冰川冻土,**31**(6):1057-1062
张家宝,袁玉江.2002.试论新疆气候变化对水资源的影响.自然资源学报,**17**(1):28-34
张家宝,史玉光.2002.新疆气候变化及短期气候预测综合系统研究.北京:气象出版社
张家宝,陈洪武,毛炜峄等.2008.新疆气候变化与生态环境的初步评估.沙漠与绿洲气象,**2**(4):1-11
张建龙,张军民.2006.气候变化对未来绿洲发展的影响及对策研究.石河子大学学报(自然科学版), Vol. **24**(3):285-289
张丽娟,熊宗伟,陈兵林等.2006.气候条件变化对棉纤维品质的影响.自然灾害学报,**15**(2):79-84
张明军,王圣杰,李忠勤等. 2011.近50年气候变化背景下中国冰川面积状况分析.地理学报,Vol. **66**(9):1155-1165
张瑞波,魏文寿,袁玉江等. 2009. 1396~2005年天山南坡阿克苏河流域降水序列重建与分析.冰川冻土,**31**(1):27-33
张山清,普宗朝,伏晓慧等.2010.气候变化对新疆自然植被净第一性生产力的影响.干旱区研究,**27**(6):905-914
张同文,袁玉江,喻树龙等.2008.用树木年轮重建阿勒泰西部5~9月365年来的月平均气温序列.干旱区研究,**25**(2):288-295
张同文,王丽丽,袁玉江等.2011.利用树轮宽度资料重建天山中段南坡巴仑台地区过去645年来的降水变化.地理科学,**31**(2):251-256
张晓黎,张桂英.2008.米泉地区异常气候条件对水稻生产的影响及预防措.新疆农业科技,**178**(1):11
张姣,刘光,沈永平.2008.20世纪下半叶以来阿克苏河山前绿洲带气候、径流变化特征及其人类活动影响.冰川冻土,**30**(2):218-223

张宏,樊自立.1998.全球变化对塔里木盆地北部盐化草甸植被的影响.干旱区地理,**21**(4):16-21
张胜利,李靖. 2002.中国西北地区农业水土环境问题及对策.水土保持学报,**16**(4):78-81
张鑫,王洪源,王涛等. 2009.北京城区强沙尘天气对人群短期健康影响的调查分析.卫生研究,**38**(6):700-702
张建岗,王建文,毛炜峄等.2008.阿克苏河地表径流过程与绿洲耗水分析.干旱区地理,**31**(5):713-722
张建云,王国庆等.2007.气候变化对水文水资源影响研究.北京:科学出版社
张姣,刘光瑗,沈永平等.2008.20世纪下半叶以来阿克苏河山前绿洲带气候、径流变化特征及其人类活动影响.冰川冻土,**30**(20):218-223
张俊岚,毛炜峄,王金民等.2004.渭干河流域暴雨融雪型洪水预报服务新技术研究.气象,**30**(3):48-52
张俊岚,段建军. 2009.阿克苏河流域春季径流变化及气候成因分析.高原气象,**28**(2):465-473
张林媛,金秀.风沙尘暴的非致癌性健康效应.中华预防医学杂志,002.**36**(3):204-206
张书余.2002.城市环境气象预报技术.北京:气象出版社
章曙明,王志杰,尤平达等. 2008.新疆地表水资源研究.北京:中国水利水电出版社
张晓伟,沈冰,黄领梅. 2007.和田河年径流变化规律研究.自然资源学报,**22**(6):974-979
张雪芹,孙杨,毛炜峄等.2010.中国干旱区气温变化对全球变暖的区域响应.干旱区研究,**27**(4):592-599
朱治超,吴素芬,韩萍等.2005.融雪降雨径流模型在日径流量预报中的应用.新疆水利,(6):13-36
中华人民共和国建设部.2003.采暖通风与空气调节设计规范(GB50019～2003).北京:中国计划出版社
中国建筑科学研究院.1996.民用建筑节能设计标准(采暖居住建筑部分).北京:中国建筑工业出版社. 17-21
中国可再生能源发展战略研究项目组.2008.中国可再生能源发展战略研究丛书(太阳能卷).北京:中国电力出版社
中国气象局.2003.地面气象观测规范.北京:气象出版社

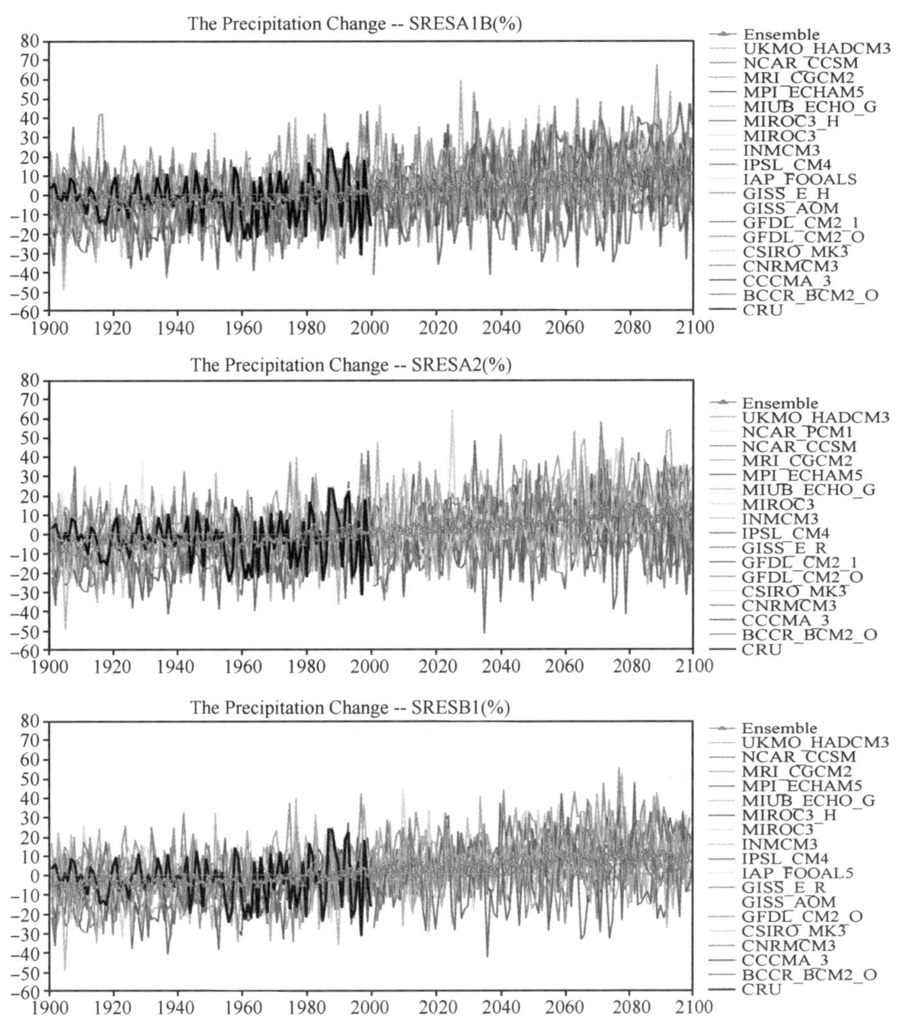

图 6.1　不同 SRES 情景下，模拟新疆地区 21 世纪降水变化

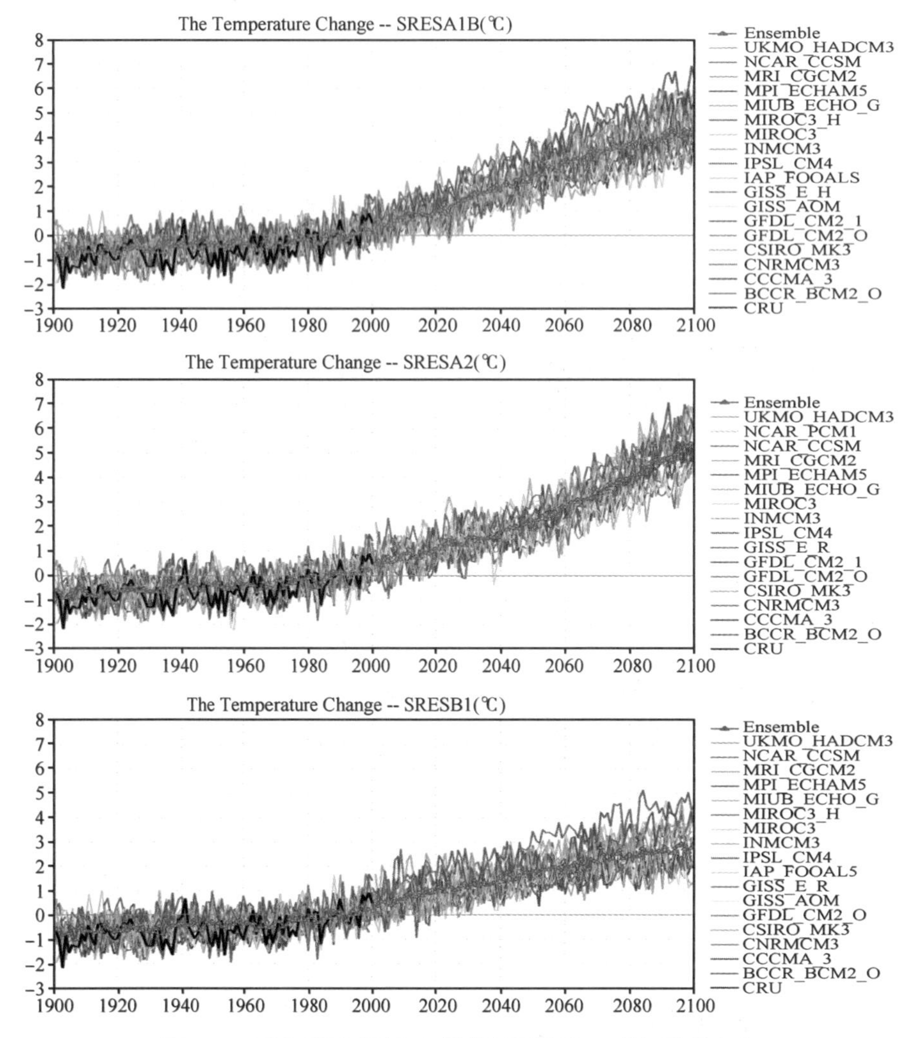

图 6.2 不同 SRES 情景下，模拟新疆地区 21 世纪温度变化

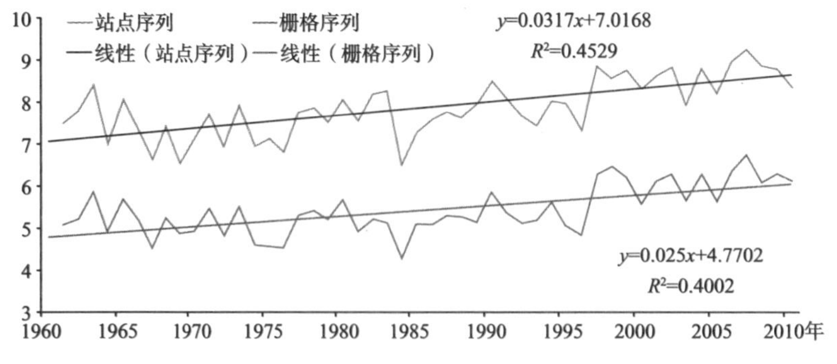

图 7.2 不同资料处理方式的新疆区域温度变化趋势比较

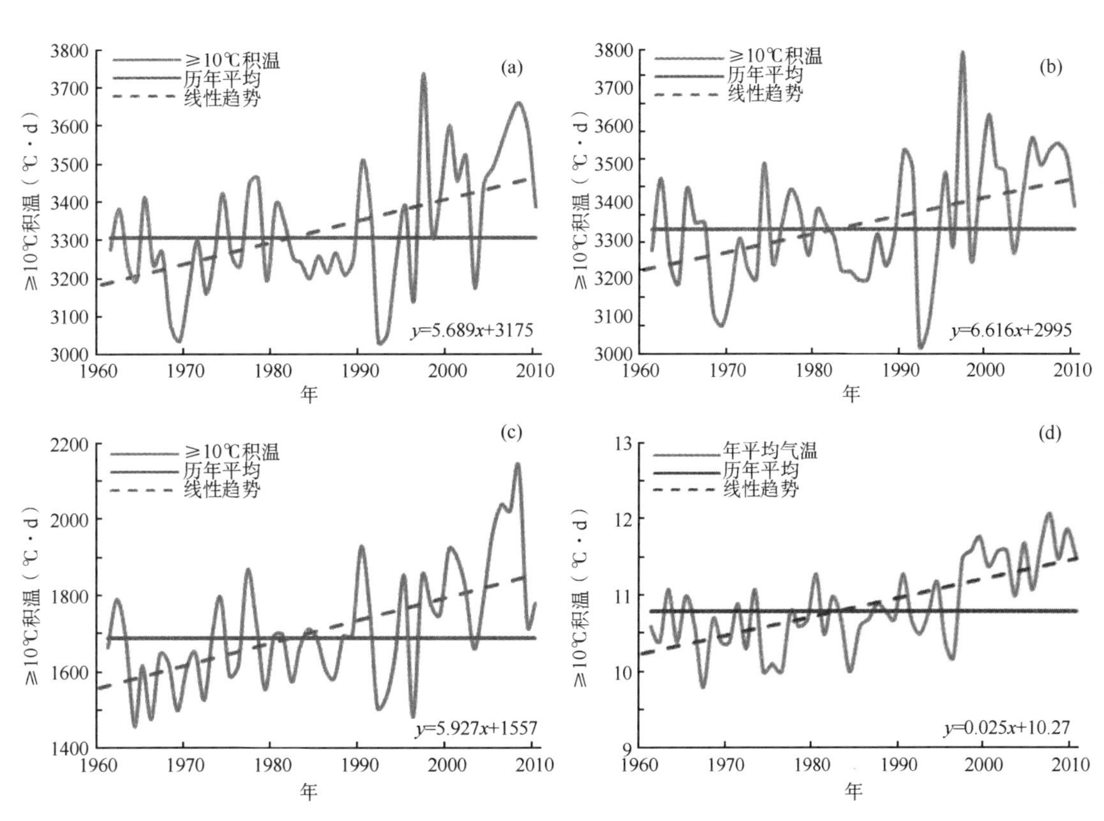

图 9.1　1961—2010 年新疆及各分区≥10℃积温的逐年变化

(a)新疆(b)北疆(c)天山山区(d)南疆